Gerhard Haszprunar

Evolution und Schöpfung

Versuch einer Synthese

Wegweisungen 3

Gerhard Haszprunar

Evolution und Schöpfung

Versuch einer Synthese

eos

Umschlag: Sylvia Wolff, Gott mit uns
Wiedergabe mit freundlicher Genehmigung
der Galerie Chlodwig Selmer, Emsdetten

1. Auflage 2009
Deutsche Erstausgabe

Published by EOS Verlag Sankt Ottilien
mail@eos-verlag.de
www.eos-verlag.de

ISBN 978-3-8306-7384-2

Bibliografische Information der Deutschen Bibliothek
Die Deutsche Bibliothek verzeichnet diese Publikation
in der Deutschen Nationalbibliografie; detaillierte bibliografische Angaben
sind im Internet unter http://dnb.ddb.de abrufbar.

Umschlaggestaltung: Präsenz Kunst & Buch Gnadenthal
EOS-Druckerei Sankt Ottilien
Printed in Germany

Für Gabi,
die immer dabei war

Inhalt

VORWORT

Aber nein, ich irre mich, von Urbeginn her wusste ja auch der Schöpfer, dass einst neugierige Menschenkinder über Analogien und Homologien grübeln, dass christliche Naturforscher sich abmühen würden, Seine Schöpfungsgedanken nachzudenken.

Fritz Müller 1884, S. 77: Für Darwin

Warum schreibt ein Natur-Historiker und Zoologe ein solches Buch? Was haben Meeresschnecken, Elektronenmikroskopie und DNA-Barcoding (meine unmittelbaren Fachgebiete) mit Schöpfungsglaube und Bibel zu tun? Mehr noch – darf ein theologischer Laie denn so etwas überhaupt schreiben? „Schuster – bleib bei deinem Leisten" heißt es doch überall, und manch einer mag sich dies auch bei diesem Buch denken.

Ich glaube schon, nein, ich bin mir sicher, dass der Anspruch einer Synthese von Evolutionstheorie und Schöpfungsglaube auch von Seiten eines Naturwissenschaftlers gerechtfertigt, ja eigentlich für jeden einzelnen Menschen unabhängig von seiner Profession notwendig ist. Wurde doch an mich selber mehr als einmal die Frage gestellt: „Wie kann man denn als Naturwissenschaftler, ja gerade als Biologe, noch an so etwas wie an eine Schöpfung eines alten Herrn mit Rauschebart glauben?" oder „Wie soll das denn zusammenpassen, das eine schließt doch das andere aus". Noch bösartiger formuliert es Lüke: „Kann man zugleich katholisch, ehrlich und intelligent sein?", wobei man in dieser Frage das „katholisch" mit „christlich" problemlos gleichsetzen darf.

Geht es Ihnen, liebe Leserin oder lieber Leser auch so? Fühlen auch Sie sich hin und her gerissen zwischen „unwiderlegbaren [naturwissenschaftlichen] Beweisen" und „göttlicher [d.h. unbezweifelbarer] Offenbarung", im wahrsten Sinne des Wortes „ver-" und gezerrt zwischen überprüfbaren Tatsachen und persönlicher Gotteserfahrung? Wenn ja, dann sollten Sie unbedingt weiter lesen, wenn nein, dann sollten Sie sich wenigstens den Versuch einer solchen Synthese einmal ansehen.

Denn dieses Buch ist mit der Überzeugung geschrieben, dass eine Synthese möglich ist, dass Evolutionstheorie und Schöpfungsglaube nur die beiden Seiten derselben goldenen Münze, desselben funkelnden Kristalls darstellen. Das hatte wohl auch Papst Johannes Paul II. im Sinn, als er 1996 meinte: *„Ein recht verstandener Schöpfungsglaube und eine recht verstandene Evolutionslehre behindern sich nicht"*, wobei allerdings zu fragen wäre, wer denn entscheiden soll, was „recht verstanden" ist: Ich meine, das kann nur im Dialog geschehen, wozu ich etwas beitragen möchte. Selbst Theologen sprechen gelegentlich davon, dass die Schöpfung ein Buch Gottes sein kann. Wenn das so ist und wenn (nach christlicher Überzeugung) auch die Offenbarung als zweites Buch Gottes vom selben Autor herrühren (Papst Johannes Paul II. in seiner Enzyklika: „Fides et Ratio"), dann sollte es eigentlich keinen Widerspruch geben. Selbst ein Konzil (1. Vatikanum 1870) hat sich dazu wie folgt geäußert: *„Dieselbe heilige Mutter Kirche hält* *fest und lehrt, dass Gott, der Ursprung und das Ziel aller Dinge, mit dem natürlichen Licht der menschlichen Vernunft aus den geschaffenen Dingen gewiss erkannt werden kann.*" Wohl bemerkt, „erkannt werden *kann*" und nicht *muss* – wie es dann leider von der päpstlichen Bibelkommission 1909 definiert wurde. Was es daher zu finden gilt, ist die gemeinsame Basis beider Seiten, die Goldmünze, der Diamantkristall selbst. Nun, dieser Ansatz, diese Suche, diese Hoffnung ist gewiss nicht neu und sie werden nicht die Letzten dieser Art sein. Aber schon der Physik-Nobelpreisträger Erwin Schrödinger (1944/51) hat es im Vorwort seines Aufsatzes „Was ist Leben" ausgedrückt: *„Wenn wir unser wahres Ziel nicht für immer aufgeben wollen, dann dürfte es nur einen Ausweg aus dem Dilemma geben: Dass einige von uns sich an die Zusammenschau wagen – auch wenn sie Gefahr laufen, sich lächerlich zu machen."*

Wir werden zunächst das Problem dingfest machen, lauern doch links und rechts scheinbar viel einfachere Lösungsansätze. Und solche gibt es wahrlich genug. Für agnostische oder atheistische Kolleg/innen ist unser Anliegen kein Thema mehr: Die Naturwissenschaften haben gesiegt, Gott ist tot, hinaus erklärt aus diesem Universum – mag er sich ein anderes suchen. Ganz anders die Fundamentalisten, die so genannten Kreationisten, welche die Bibel immer wörtlich, nicht immer aber wirklich ernst nehmen: für sie ist das Problem längst gelöst, in der Bibel – die Wahrheit selber – steht doch schon alles, und jeder Zweifel daran ist Gotteslästerung. Selbst die sogenannte historisch-kritische Methode der Bibelauslegung (Exegese nennt sich dies im Fachjargon) tut sich, wie zu zeigen sein wird, in vieler Hinsicht schwer, zwischen naturwissenschaftlichen

Erkenntnissen und biblischen Wortlauten Brücken zu bauen, obgleich die großen Fortschritte in letzter Zeit hier nicht geleugnet werden sollen. So soll dann der erste große Abschnitt nahe bringen, was denn die Bibel wirklich zur Schöpfung sagt, und ich verspreche einige Überraschungen. Im zweiten Teil, welcher die Hauptmasse dieser Arbeit darstellt, werden wir uns mit einigen fundamentalen Fragen der Kosmologie und Evolutionstheorie zu befassen haben, Zufall, Ordnung und Komplexität untersuchen, dialektische Sprünge machen (nein, das hat nichts mit Leichtathletik, sondern mit Philosophie und Naturkunde zu tun), Pläne ohne Planer kennen lernen, und uns zuletzt um den Anfang aller Dinge kümmern. Mit diesem Rüstzeug ausgestattet, gehen wir schließlich ins Finale: Wir versuchen die Synthese zwischen Evolution und Schöpfung, und das gemeinsame „Credo" der christlichen Kirchen wird unser Leitfaden sein. Was eine solche Synthese für einige wesentliche theologische Probleme bedeuten könnte, sei abschließend dargestellt, wobei ich persönlich das sogenannte „Theodizee-Problem" (warum lässt ein allmächtiger und liebender Gott so viel Leid zu?) nicht nur besonders wichtig, sondern geradezu kruzial (im strikten Wortsinn) halte – denn es ist schon ein Kreuz mit dieser Welt.

So hat dieses Buch mehrere Ziele. Jeder Glaubende sucht und jeder Suchende glaubt an etwas, worauf die Suche gegründet ist. Als wichtigste Aufgabe erscheint mir daher, dem suchenden und gläubigen Menschen die Berührungsangst zu den Naturwissenschaften zu nehmen. „Ich fürchte, dann kann ich gar nichts mehr glauben" ist eine gar nicht selten geäußerte Meinung zum Thema. Angst ist aber bekanntlich immer ein ganz schlechter Ratgeber, und so möchte ich Vertrauen aufbauen, sich doch auf das Wunder der Evolution, der Kosmogenese – und sie war, ist und bleibt wunderbar! – einzulassen. Mehr noch: Die Annahme des vorliegenden Syntheseversuches soll Ihnen, dem Leser oder der Leserin, auch erlauben, einige Perspektiven des letztlich unbegreiflichen Phänomens „Gott" doch etwas besser kennen zu lernen. Genau dies ist der zweite Zweck des vorliegenden Ansatzes: Ansatzpunkte zu liefern für eine „Theologie der Synthese". Ich gebe gerne zu, dass mir dazu bei weitem Kompetenz und Fachwissen fehlen, trotzdem erachte ich es für meine Pflicht, die Grundlinien einer solchen Theologie zu skizzieren und ihre potenziellen Möglichkeiten und Ansätze für verschiedene Problemlösungen aufzuzeigen.

Der vorliegende Band ist gerade im Vergleich mit entsprechenden Ausführungen von Theologen recht klein und kurz geraten, denn als Naturwissenschaftler wird man von Seiten der Fachzeitschriften darauf gedrillt, sich stets möglichst knapp und prägnant auszudrücken. Andererseits mag gerade diese Kürze manchen, den dicke Schwarten vielleicht abschrecken, dazu verleiten, es doch mit meinem Anliegen zu versuchen – der allgemeine Trend zum Zweitbuch soll ja anhalten.

Dieses Buch ist von einem Menschen für Menschen geschrieben. Nun ist nichts menschlicher als der Irrtum, für den und die – und wer wollte Irrtum ausschließen? – ich alleine die Verantwortung übernehme. Fakten, Daten, Ideen verdanke ich hingegen vielen Autoren, Kollegen und Freunden, die sich im direkten oder indirekten Dialog mit mir über „Evolution und Schöpfung" Gedanken gemacht haben. Nicht zuletzt danke ich auch Pater Cyrill vom EOS-Verlag in St. Ottilien für wertvolle Hinweise und Ratschläge in der Endphase.

München, im Juni 2009
Gerhard Haszprunar

1. DAS PROBLEM

1.1. EIN FAULER KOMPROMISS

Warum überhaupt diese Debatte? Warum noch immer kein Friede zwischen Naturwissenschaft und Theologie, zwischen Evolutionsbiologie und Schöpfungsglaube? Tatsächlich sah es noch vor kurzer Zeit zumindest bei uns in Mitteleuropa so aus, als wäre die Sache längst unter Dach und Fach, als wäre der historische Kompromiss bereits erzielt. Nach Jahrhunderten des Kampfes mit Worten und Schwertern – und keine der beiden Seiten war in der Wahl der Mittel besonders zimperlich – hat man die Welt, das kosmische Sein, für teilbar erklärt. Der Naturwissenschaftler bedauert: „Kein Thema für mich", der Theologe hingegen setzt göttliche Schöpfung als ein *„a priori"* (d.h. prinzipiell nicht mehr zu Hinterfragendes) seiner Überlegungen voraus. Ja, die Einflusssphären, die Territorien sind deutlich und klar abgegrenzt. Das Diesseits, das Hier und Jetzt, die Erklärung dieser, unserer Welt sind Sache der Naturwissenschaft, da hat die Theologie, die Religion nichts drein zu reden – und vielfach will sie das auch gar nicht. Umgekehrt sind Aussagen über das Jenseits, über das, was danach kommt, alleinige Domäne der Religionen, da hat sich daher die Naturwissenschaft nicht einzumischen – und eigentlich kann sie das auch gar nicht.

Auch die so überfällige Erklärung von Papst Johannes Paul II. vom 22. Oktober 1996, dass „die Evolutionstheorie mehr als eine Hypothese ist" und der menschliche Körper den

Ursprung in lebendiger Materie hat, ändert nichts an dieser Schlussfolgerung: Wie schon Pius XII., so meint auch Johannes Paul II., die „Geistseele“ des Menschen, also (nach päpstlicher aber nicht meiner Überzeugung, siehe später) das eigentliche „Ich“ sei „unmittelbar von Gott geschaffen“. Die Demarkationslinie zwischen Biologie und Theologie wurde in ihrer Position aufgrund des unhaltbaren Drucks der Tatsachen verschoben, an ihrer Existenz ändert sich nichts.

Und in der Tat, selbst dieser Schein trügt gewaltig: Nach wie vor werden in den USA Prozesse geführt, wo von so genannten „Kreationisten“ (das sind Leute, welche die biblischen Schöpfungsgeschichten wörtlich und realhistorisch auffassen) per Gerichtsbeschluss und Gesetz gefordert wird, die Schöpfungslehre soll gleichberechtigt neben der Evolutionstheorie in Schulen und Universitäten gelehrt werden, oder – ja das gibt es tatsächlich in den USA des 3. Jahrtausends – das Wort „Evolution“ wird aus Schul- und Lehrbüchern völlig verbannt. Auch in Europa gewinnen die Kreationisten zunehmend mehr Einfluss und finden selbst in höchsten politischen Kreisen Beachtung. Und mehr noch: Selbst aufgeschlossene Theologen scheinen ihren eigenen Barrieren nicht zu trauen.

Das tiefe Misstrauen der christlichen Kirchen gegenüber den Naturwissenschaften hat lange Tradition, es sitzt dementsprechend tief und ist nicht leicht zu überwinden. Man habe doch, so meinen nicht wenige, schon so viel, eigentlich zu viel „auf dem Altar der Vernunft“ geopfert: Beginnend mit Nikolaus Kopernikus und Galileo Galilei degradierte die Astronomie die Erde vom Zentrum des Universums zum mittelgroßen Planeten einer recht unbedeutenden Sonne im Randbereich einer von Milliarden Galaxien. Die Darwinische Vorstellung von der Entwicklung des Menschen aus affenartigen Vorfahren machte unseren Körper tierisch. Dem folgte die scheinbare Herabwürdigung der „Geistseele" durch die Psychoanalyse des Sigmund Freud als Ausdruck und Ergebnis frühkindlicher Erfahrungen. Dies wurde fortgesetzt durch die Soziobiologie eines Richard Dawkins, die auch unser „vernünftiges" Verhalten als nicht-rational sondern höchst gen-egoistisch erklärt. Und zu guter Letzt hat auch unsere Ratio, unser Verstand aufgrund der „evolutionären Erkenntnistheorie" von Lorenz, Riedl und Vollmer evolutionären Ursprung. All das wird von vielen Theologen unverändert unnachgiebig zurückgewiesen. „Aber hier muss nun Schluss sein" – so hört und liest man allerorten. Forciert wird diese Haltung in jüngster Zeit durch eine unter Naturwissenschaftlern wieder zunehmende „new atheist"- Bewegung: Religion wird auf soziobiologischer Grundlage wiederum zum „Opium des Volkes" (das hat schon Karl Marx gedacht) erklärt, zum „Gotteswahn", zur Geistesillusion, um die Todeserkenntnis psychisch besser verarbeiten zu können. Ein intensives Glaubenserlebnis sei einem epileptischen Anfall gleichzusetzen, sagen einige Neurobiologen, ohne zwischen Hirnaktivität und persönlichem Erleben zu unterscheiden.

Doch immerhin, keine Scheiterhaufen und keine Inquisition mehr, aber auch nicht länger gewaltsame Säkularisierung in unseren Breiten. So weit so gut? Nein, so weit so schlecht, und die jüngste Polarisierung zeigt, dass keine der beiden Seiten dem „faulen Frieden" wirklich traut. Denn es gibt zumindest ein Ding, ein Etwas in dieser, unserer Welt, wo diese ach so praktische und bewährte Teilung der Wirklichkeit einfach nicht durchführbar ist. Und dieses Etwas ist wichtig, ja geradezu existenziell, denn dieses Etwas sind wir selbst, ist mein „Ich", dessen Herkunft, gegenwärtiges Sein und Zukunft zur Disposition und Diskussion steht. Nicht umsonst beharrte auch Papst Johannes Paul II. trotz des erwähnten darwinistischen „Aggiornamento" (ein Lieblingsausdruck von Papst Johannes XXIII. mit der Bedeutung von „Anpassung") darauf, dass die menschliche „Geistseele" ein von Gott unmittelbar geschaffenes Ding sei. Ja gibt es denn plötzlich zwei Kategorien von Schöpfung? Das steht in der Bibel aber ganz anders, wie zu sehen sein wird. Und nun, wo wir einmal mehr die uralte philosophische Frage nach dem Wesen unserer Existenz gestellt haben, da fällt es uns wie Schuppen von den Augen: Die scheinbar gegensätzlichen Annahmen („Thesen" sagt der Philosoph dazu) „Gott" oder „Naturwissenschaft" gelten nicht nur für uns selbst, sondern für den gesamten Kosmos.

Diese nicht weg zudiskutierende direkte Ich-Bezogenheit der Evolutionstheorie ist auch der tiefe Grund dafür, dass sie bis zum heutigen Tag „an- und berührt", dass sie nach wie vor so heftig und von jedermann und -frau diskutiert wird, während andere, nicht minder revolutionäre Theorien der Naturwissenschaften wie etwa Einsteins Relativitätstheorie oder die Quantenphysik nur in Fachkreisen diskutiert werden. Denn es kann und darf uns als unserer Existenz selbst bewusste Kinder dieser Welt, dieses Universums, nicht gleichgültig sein, welchen Urgrund unser Kosmos und damit unser eigenes Sein hat.

1.2. DIE DREI „ODER" DES TEUFELS

Die Antworten auf diese entscheidenden existenziellen Fragen nach dem Ursprung und Urgrund unseres Kosmos und damit unserer eigenen Existenz stellen sich uns zunächst (und ich möchte gleich an dieser Stelle betonen: nur scheinbar!) in drei grundsätzlichen Alternativen dar:

Frage Nummer eins: Ist dieser Kosmos, unsere Welt, letztlich auch wir selbst das Produkt einer Schritt für Schritt kontinuierlich abgelaufenen EVOLUTION (bzw. Kosmogenese), ODER eine ins Sein gerufene SCHÖPFUNG einer personalen Allmacht, die wir je nach Kulturkreis Jahwe, Elohim, Gottvater oder Allah nennen? Was sind wir denn nun wirklich? Nichts weiter als sehr erfolgreiche „nackte Affen" oder Vertreter des „Dritten Schimpansen", ausgestattet mit dem Extremorgan Gehirn, ODER dürfen wir uns tatsächlich als „Ebenbilder" oder gar „Kinder Gottes" bezeichnen?

Die zweite Frage ist nicht weniger dramatisch: Wird dieser Kosmos, unsere gesamte Welt, letztlich auch wir selbst ausschließlich durch NATURGESETZE gesteuert, ODER „weht der Odem GOTTes über die Wasser"? Und ganz persönlich gefragt: Ist mein „Ich" bloß eine abhängige Gehirnfunktion, ausgelöst von einer dichten Masse vernetzter Nervenfasern und neuraler Impulse, ODER aber bin „Ich" mit Geist und Seele ausgestattet, für mein Tun und Lassen in dieser Welt tatsächlich verantwortlich und habe die grundsätzliche Potenz zum ewigen Leben?

Und zum Dritten: Ist dieser Kosmos, unsere Welt, und wiederum auch wir selbst das Ergebnis eines sehr unwahrscheinlichen ZUFALLs, letztlich ohne Grund, d.h. ohne

Begründung und Grundlage ins Dasein gerufen, ODER ist dies alles Teil eines uns nicht verständlichen perfekten PLANes? Sind wir, wie Chemie-Nobelpreisträger Jacques Monod meinte, ohne Sinn und Zweck in dieser Welt und müssen unsere totale Verlassenheit erkennen, ODER aber sind wir aufgerufen, den seit Ewigkeiten festgelegten HEILSPLAN eines allmächtigen Gottes auszuführen, zu dem wir sagen „Dein Wille geschehe, im Himmel wie auf Erden"?

Man könnte wirklich meinen – und manche meinen dies wirklich – alle diese ODER sind vom Teufel persönlich erfunden worden, nehmen sie uns doch auf den ersten Blick jedwede Hoffnung auf das Gelingen unseres geplanten synthetischen Vorhabens. Kann es angesichts dieser fundamentalen Alternativen, die einander so grundsätzlich auszuschließen scheinen, überhaupt einen Kompromiss geben?

1.3. KOMPROMISS ODER SYNTHESE?

Doch halt! – und nicht vorschnell argumentiert: Darf es denn überhaupt einen Kompromiss geben? Wie sollte ein solcher Kompromiss denn aussehen? Die Hälfte, drei Viertel, 99 Prozent des Kosmos für Gott, der Rest Naturgesetze oder umgekehrt? Nein, was gefordert ist, das darf natürlich kein Kompromiss, das muss im Sinne der oben angesprochenen zwei Bücher Gottes (Schöpfung und Offenbarung) eine Synthese sein. Eine Synthese mit Modifikationen und veränderten Standpunkten, mit alternativen Interpretationen der jeweiligen „Wahrheiten", aber ohne grundlegende Abstriche der auf den ersten Blick so unterschiedlichen Standpunkte, die dann als verschiedene aber nicht gegensätzliche Ansätze zur Erfahrung unserer Wirklichkeit angesehen werden können.

Was heißt das nun konkret? Wie kann man Naturwissenschaft und Theologie synthetisch vereinbaren? Ich möchte das Prinzip dazu an einigen Beispielen erläutern, zwei aus dem Alltagsleben, das dritte aus der Physik, das letzte könnte Sie selber betreffen.

1.3.1. Ein Sonnenuntergang

Lassen wir zunächst eine Situation, die wir vermutlich alle kennen, einen Sonnenuntergang am Meeresufer, von zwei recht unterschiedlichen Menschen schildern.

Der Dichter schildert diesen Sonnenuntergang wie folgt: „Ich stand am Ufer der unendlichen See und sah ergriffen, wie die blutrote Sonne darnieder sank. Schon berührte ihr flammender Rand den Wasserspiegel wie ein immer intensiver werdender Kuss, schon war sie nur noch halb zu sehen, schließlich fast dahin. Dann, ein allerletzter Strahl traf mein schimmerndes Auge, und blutrot bedrohlich färbte sich der Himmel. Mit immer stärkerer Macht brachen Dämmerung wie Kälte herein und bedrängten mich. Dunkelheit schien aus dem Boden zu quellen, wahrlich, das Herz wollte mir bange werden, Schweiß stand auf meiner Stirn. Doch die Hoffnung auf den nächsten Tag hielt mich aufrecht: Die Sonne – Urbild von Kraft, Licht und Wärme – ich würde sie wiedersehen“.

Ganz anders hingegen die Aussage des Physikers zum gleichen Vorgang: „Ich hatte meine Messposition am Strand eingenommen. Ich beobachtete, wie die Erdrotation die Sonne immer näher an den Beobachtungshorizont brachte, der durch die glatte Wasseroberfläche besonders gut für Messungen geeignet erschien, bis scheinbare Berührung und Überschneidung der Bezugslinien auftraten. Durch den nunmehr längeren Weg in der Erdatmosphäre wurden die Strahlen unseres Fixsterns frequenzabhängig gefiltert, so dass nur noch der länger wellige Rotanteil durch die farbsensitiven Photorezeptoren meiner Sehorgane erfassbar war. Durch das Wegfallen direkter Bestrahlung wurde die Menge sichtbarer und im Infrarotbereich schwingender Strahlungsphotonen rasch weniger, was bei mir zunächst eine leichte psychische Panikreaktion hervorrief, die mit einem signifikanten Anstieg des Adrenalinspiegels und der damit verbunden Schweißabsonderung auf meiner Stirn verbunden war. Der Intellekt gewann aber schließlich mit der Einsicht die Oberhand, dass die kontinuierliche Eigenrotation des Planeten Erde die meinem Beobachtungshorizont nunmehr entzogene Sonne nach einigen Stunden wieder in mein Blickfeld bringen würde.“

Zwei Beschreibungen ein und desselben Sachverhaltes, einmal mit poetischer Ader, einmal aus dem nüchternen Blickwinkel eines Naturwissenschaftlers. Es wäre völlig verfehlt, wollte der Naturwissenschaftler dem Poeten vorwerfen, er habe die Erkenntnisse moderner Erdkunde und physikalischer Naturgesetze unberücksichtigt gelassen. Umgekehrt darf aber auch der Dichter den Vorwurf nicht erheben, der Naturwissenschaftler hätte das eigentlich Wesentliche übersehen. In gar keinem Fall aber ist die Schlussfolgerung erlaubt, es könne ja nur eine Wahrheit geben, daher sei zumindest eine der beiden Darstellungen grundfalsch. Im Gegenteil: Selbst Jesus verweigert die Frage des Pilatus: „Was ist Wahrheit?" Ganz klar: Beide, Dichter und Physiker sprechen die Wahrheit, beide erfassen die Realität, ja mehr noch, beide ergänzen einander.

1.3.2. Musik

Ganz analog ist die Situation, wenn es darum geht, jemanden begreiflich zu machen, was Musik ist. Naturwissenschaftlich gesehen treffen hier durch Stimmen oder Instrumente erzeugte Luftschallwellen bestimmter Frequenz auf das Ohr und lassen dort zunächst das Trommelfell schwingen. Diese Schwingungen werden durch die Gehörknöchelchen verstärkt und in der so genannten „Schnecke" (das spiralförmige Innenohr) als stehende Flüssigkeitswelle übertragen. Diese Wellen werden nun von speziellen Sinneszellen, modifizierten Mikrovilli, wahrgenommen und lösen Nervenimpulse aus. Bei bestimmten Zahlenverhältnissen der Schallwellenfrequenzen werden bestimmte Impulse und damit Empfindungen der hörenden Person ausgelöst. Ich wage allerdings die Behauptung, dass bei aller Korrektheit und Präzision dieser Erklärung ein Geiger, Pianist oder Sänger die gestellte Aufgabe (erkläre mir: was ist Musik?) mindestens genau so gut und vielleicht sogar besser, d.h. für Menschen adäquater lösen könnte.

1.3.3. Der Welle-Teilchen-Dualismus des Lichtes

Zum gleichen Schluss kommen wir bei Betrachtung des berühmten (und bei vielen Nicht-Physikern berüchtigten) Welle-Teilchen-Dualismus der elektromagnetischen Strahlung, also Licht, Wärme, Radio- und Gammastrahlen. Hier stellen wir sogar innerhalb einer naturwissenschaftlichen Disziplin, der Teilchenphysik, fest, dass diese Strahlen je nach Versuchsanordnung unterschiedliche Eigenschaften zeigen. Bei einigen Experimenten, wie etwa bei der Reflexion von Lichtstrahlen an einem Spiegel, kann der Lichtstrahl als Teilchenstrom interpretiert werden. Andere Versuche hingegen führen nachprüfbar zu der Erkenntnis, dass diese elektromagnetischen Strahlen Wellencharakter besitzen. So lassen sich beispielsweise Lichtstrahlen am Doppelspalt beugen und zeigen wie jede andere Welle Interferenzmuster. Wiederum wäre es völlig falsch, auf einem „entweder - oder“ zu beharren, wiederum sind beide Interpretationen zugleich richtig aber unbefriedigend. Nur die Synthese beider Anschauungen, die in diesem Fall nur mathematisch gelingen kann (eine der zentralen Erkenntnisse der Quantenphysik), sich aber unserer Vorstellungskraft entzieht, vermag das Phänomen „Strahlung” vollständig zu beschreiben und zu erfassen.

1.3.4. Ein Traum, das Leben – das Leben, ein Traum?

Ist ein Traum wahr? Es gibt keinen Zweifel, dass eine Traumerzählung gar nicht oder bestenfalls nur mit größter Vorsicht und nach gründlicher Analyse als Quelle realhistorischer Tatsachen oder Abläufe angesehen werden darf.

Der zugrunde liegende Traum vermag aber die meist unbewussten Reaktionen des oder der Träumenden auf real Erlebtes auszudrücken, wenngleich dies häufig in sehr verschlüsselter Art und Weise geschieht. Dies mag aber für die betroffene Person viel wichtiger sein als ein historisch korrekter Tatsachenbericht. Weil dies so ist, enthält dieser Traum für die träumende Person selbst, aber auch unter Umständen für den Psychologen oder Psychiater, viel mehr an Wahrheit als die nackte historische Realität. Der Traum informiert nämlich primär nicht über das zugrunde liegende Ereignis, und wenn, dann häufig in sehr symbolischer Form. Viel informativer, als es eine „realistische" Erzählung des abgelaufenen Erlebnisses je vermitteln könnte, zeigt sich der Traum als Erkenntnisquelle über die Erlebniswelt der träumenden Person. Weit gefehlt, „bloß ein Traum zu sein", offenbart – und ich verwende dieses Wort sehr bewusst – die Traumerzählung Bereiche, die der Realschilderung stets verborgen bleiben müssen. Für den Träumenden selbst enthält der Traum ohne Zweifel weit mehr und weit wichtigere „Wahrheit" als die historische Realität, die dem Traum zugrunde lag.

1.3.5. Auf zur Synthese!

Was ist zu tun, um diesen synthetischen Ansatz zu verwirklichen, um unserem Versuch eine reelle Chance zu geben? Die Bibel genauer lesen? Oder besser die Syntheseversuche Teilhard de Chardins studieren – die übrigens seinerzeit (die Hauptwerke wurden in den 50er Jahren des 20. Jahrhunderts veröffentlicht) seiner Kirchenleitung in Rom so wenig gefielen, dass der Autor mit striktem Publikationsverbot belegt wurde. Oder doch nachschlagen über „Zufall“ bei Jacques Monod, „Spiele“ bei Manfred Eigen & Ruth Winkler, „Strategie der Genesis“ und „Systembedingungen der Evolution“ bei Rupert Riedl, „Blinder Uhrmacher“ und „Gotteswahn“ bei Richard Dawkins, „Gott und die moderne Physik“ bei Paul Davies und vieles andere? Ja, all das ist zu berücksichtigen und zu verarbeiten, ein sicherlich mühsamer, aber meiner Meinung nach dennoch notwendiger ja überlebensnotwendiger Prozess. Die Synthese fällt nicht vom Himmel, sie will erarbeitet und begründet werden, will sie mich überzeugen, nicht bloß überreden.

Dennoch, wir lassen uns die Sache nicht vermiesen, zu viel steht auf dem Spiel: Jedes einzelne menschliche „Ich“ sucht, benötigt, ja ersehnt die Antwort! So steigen wir ein in unser Unternehmen, nehmen wir die Hürden, die sich vor uns auftun, es sei gewagt!

2. WAS DIE BIBEL WIRKLICH SAGT

Als Nicht-Theologe folge ich in der Exegese, d.h. in der historisch-kritischen Erläuterung der alttestamentarischen Schöpfungsberichte den jüngsten Ausführungen von Lüke und Kessler, welche weitgehend übereinstimmen. Aus deren und vielen anderen theologischen Schriften geht eindeutig hervor, dass eine Interpretation dieser Texte im Sinne einer realhistorischen Schilderung der Ereignisse schlicht überholt ist.

2.1. DER „ERSTE" SCHÖPFUNGSBERICHT

Viele kennen „den" biblischen Schöpfungsbericht, haben ihn oft gehört, manche sogar selbst gelesen. In der Tat, er ist nicht schwer zu finden in der Bibel, steht er doch gleich am Beginn, auf der ersten Seite im „Buch der Bücher". Wenn ich diesen Schöpfungsbericht im Folgenden aus der deutschen Einheitsübersetzung wiedergebe, dann zunächst der Bequemlichkeit willen, um dem werten Leser oder der Leserin Mühe zu ersparen, denn wie angekündigt, unser Unterfangen ist bereits mühsam genug. Freilich ist auch ein kleiner Hintergedanke dabei, und jener ist danach sofort ersichtlich.

DIE ERSCHAFFUNG DER WELT: Genesis 1,1 – 24a

I. *1 Im Anfang schuf Gott Himmel und Erde; 2 die Erde aber war wüst und wirr, Finsternis lag über der Urflut, und Gottes Geist schwebte über dem Wasser.*

[3] Gott sprach: Es werde Licht. Und es wurde Licht. [4] Gott
sah, dass das Licht gut war. Gott schied das Licht von der
Finsternis, [5] und Gott nannte das Licht Tag, und die Fins-
ternis nannte Er Nacht. Es wurde Abend, und es wurde
Morgen: erster Tag.

II. [6] Dann sprach Gott: Ein Gewölbe entstehe mitten im Was-
ser und scheide Wasser von Wasser. [7] Gott machte also
das Gewölbe und schied das Wasser unterhalb des Gewöl-
bes vom Wasser oberhalb des Gewölbes. So geschah es,
[8] und Gott nannte das Gewölbe Himmel. Es wurde Abend,
und es wurde Morgen: zweiter Tag.

III. [9] Dann sprach Gott: Das Wasser unterhalb des Himmels
sammle sich an einem Ort, damit das Trockene sichtbar
werde. So geschah es. [10] Das Trockene nannte Gott Land,
und das angesammelte Wasser nannte Er Meer. Gott sah,
dass es gut war.

IV. [11] Dann sprach Gott: Das Land lasse junges Grün wach-
sen, alle Arten von Pflanzen, die Samen tragen, alle Ar-
ten von Bäumen, die Früchte bringen mit ihren Samen
darin. So geschah es. [12] Das Land brachte junges Grün
hervor, alle Arten von Pflanzen, die Samen tragen, alle
Arten von Bäumen die Früchte bringen mit ihren Samen
darin. Gott sah, dass es gut war. [13] Es wurde Abend, und
es wurde Morgen: dritter Tag.

V. [14] Dann sprach Gott: Lichter sollen am Himmelsgewölbe
sein, um Tag und Nacht zu scheiden. Sie sollen Zeichen
sein und zur Bestimmung der Festzeiten, von Tagen und
Jahren dienen; [15] sie sollen Lichter am Himmelsgewöl-
be sein, die über die Erde hin leuchten. So geschah es.
[16] Gott machte die beiden großen Lichter, das größere, das
über den Tag herrscht, das kleinere, das über die Nacht

herrscht, auch die Sterne. 17 Gott setzte die Lichter an das
Himmelsgewölbe, damit sie über die Erde hin leuchten,
18 über Tag und Nacht herrschen und das Licht von der
Finsternis zu scheiden. Gott sah, dass es gut war. 19 Es
wurde Abend, und es wurde Morgen: vierter Tag.

VI. 20 Dann sprach Gott: Das Wasser wimmle von lebendigen
Wesen, und Vögel sollen über dem Land am Himmelsge-
wölbe dahinfliegen. 21 Gott schuf alle Arten von großen
Seetieren und anderen Lebewesen, von denen das Wasser
wimmelt, und alle Arten von gefiederten Vögeln. Gott
sah, dass es gut war. 22 Gott segnete sie und sprach: Seid
fruchtbar, und vermehrt euch, und bevölkert das Land im
Wasser, und die Vögel sollen sich auf dem Land vermeh-
ren. 23 Es wurde Abend, und es wurde Morgen: fünfter
Tag.

VII. 24 Dann sprach Gott: Das Land bringe alle Arten von le-
bendigen Wesen hervor, von Vieh, von Kriechtieren und
von Tieren des Feldes. So geschah es. 25 Gott machte alle
Arten von Tieren des Feldes, alle Arten von Vieh und alle
Arten von Kriechtieren auf dem Erdboden. Gott sah, dass
es gut war.

VIII. 26 Dann sprach Gott: Laßt uns Menschen machen als un-
ser Abbild, uns ähnlich. Sie sollen herrschen über die
Fische des Meeres, über die Vögel des Himmels, über das
Vieh, über die ganze Erde und über alle Kriechtiere an
Land. 27 Gott schuf also den Menschen als sein Ebenbild;
als ein Ebenbild Gottes schuf Er ihn. Als Mann und Frau
schuf Er sie. 28 Gott segnete sie und sprach zu ihnen: Seid
fruchtbar, und vermehrt euch, bevölkert die Erde, unter-
werft sie euch, und herrscht über die Fische des Meeres,
über die Vögel des Himmels und über alle Tiere, die sich
auf dem Land regen. 29 Dann sprach Gott: Hiermit über-

gebe ich euch alle Pflanzen auf der ganzen Erde, die Samen tragen, und alle Bäume mit samenhaltigen Früchten. Euch sollen sie zur Nahrung dienen. [30] Allen Tieren des Feldes, allen Vögeln des Himmels und allem, was sich auf der Erde regt, was Lebensatem in sich hat, gebe ich alle grünen Pflanzen zur Nahrung. So geschah es. [31] Gott sah alles an, was Er gemacht hatte: es war sehr gut. Es wurde Abend, und es wurde Morgen: der sechste Tag.

IX. 2 [1] *So wurden Himmel und Erde vollendet und ihr ganzes Gefüge. [2] Am siebenten Tag vollendete Gott das Werk, das Er geschaffen hatte, und Er ruhte am siebten Tag, nachdem Er sein ganzes Werk vollbracht hatte. [3] Und Gott segnete den siebenten Tag und erklärte ihn für heilig: denn an ihm ruhte Gott, nachdem Er das Werk der Schöpfung vollbracht hatte. [4a] Das ist die Entstehungsgeschichte von Himmel und Erde, als sie erschaffen wurden.*

Die „historisch-kritische" Methode der Bibel-Exegese (das ist der Fachbegriff für die Erklärung der Schrift) des 20. Jahrhunderts hat diesen Text des 1. Buches Mose gründlich analysiert und viele interessante Details herausgefunden. Es gilt heutzutage selbst in römisch-katholischen Kurienkreisen als unbestritten, dass dieser Hymnus an den Schöpfergott nicht vom Stammesführer der Israeliten, Moses, am Sinai geschrieben wurde. Der Autor war ein gebildeter Mann, wahrscheinlich ein Priester, daher die Bezeichnung „Priesterschrift" für den vorliegenden Text. Die Endfassung stammt mit hoher Wahrscheinlichkeit aus der Zeit der Babylonischen Gefangenschaft (ca. 586 – 538 v. Chr.), was im Originaltext laut Auskunft der Fachleute aus der Verwendung vieler babylonischer/persischer Lehnwörter ersichtlich ist.

Was selbst bei relativ flüchtiger Lektüre auch dem theologisch nicht vorgebildeten Laien sofort auffällt, habe ich durch die Verwendung der römischen Nummerierung am linken Rand besonders hervorgehoben. Der Hymnus erhält zwei Doppelstrophen, den dritten und sechsten Tag. Die Vermutung liegt nahe und wird von den meisten Exegeten des Alten Testamentes geteilt, dass der Hymnus ursprünglich ein Acht-, manche meinen sogar Neuntagewerk beschrieb. Später wurde der Text dann aber aus religiös-politischen Gründen – die waren beim Volk Israel immer auf das Innigste vereint – auf sechs Tage zusammengestrichen. Dies geschah vor allem, um die jüdische Tradition der Sabbatruhe am siebten Tag theologisch zu begründen. Es gibt hier nämliche eine interessante Parallele zu den zehn Geboten des Mose, die in zwei zeitlich versetzten Fassungen vorliegen. Ursprünglich war die Sabbatruhe durch den Exodus, den Auszug der Israeliten aus Ägypten, begründet, die grundlegende Gotteserfahrung des Volkes Israel: „*Denk daran: Als du in Ägypten Sklave warst, hat dich der Herr, dein Gott, mit starker Hand und hoch erhobenem Arm herausgeführt. Darum hat es dir der Herr, dein Gott, zur Pflicht gemacht, den Sabbat zu halten*" (Dtn 5,15). Die jüngeren Fassungen hingegen, welche erst nach der Babylonischen Gefangenschaft abgefasst wurden, begründen die Ruhe am „Tag des Herrn" theologisch nun noch viel wuchtiger und autoritärer mit der ausdrücklichen Berufung auf den siebten Schöpfungstag: „*Gedenke des Sabbats: Halte ihn heilig. ... Denn in sechs Tagen hat der Herr Himmel, Erde und Meer gemacht und alles, was dazugehört; am siebten Tag ruhte er. Darum hat der Herr den Sabbattag gesegnet und ihn für heilig erklärt*" (Ex 20,8.11). Und nochmals: „*Sag den Israeliten: Ihr sollt meine Sabbate halten. ... Für alle Zeiten wird er ein Zeichen zwischen mir und den Israeliten sein. Denn in sechs Tagen hat der Herr Himmel und Erde gemacht; am siebten Tag ruhte er und atmete auf*" (Ex 31,13a-17). Gerade diese Wiederholungsstelle zeigt durch den unvermittelten Subjektwechsel (zunächst Ich-Form, dann Gott als 3. Person), dass der letzte Satz wahrscheinlich erst später hinzugefügt wurde.

Selbst konservative Vertreter der Bibelauslegung stimmen heute zu, dass die Schöpfungstage nicht im wörtlichen Sinn zu interpretieren sind. Nicht zuletzt sagt ja die Bibel selbst (Ps 20,4) „1000 Jahre sind für Gott nur ein Tag", was eine exakte Zeitrechnung immerhin um den Faktor 365.000 streckt – aber selbst die daraus resultierenden 6000 Jahre sind noch immer viel zu wenig. Noch problematischer ist die Tatsache, dass im Schöpfungshymnus bereits von Beginn an von Tagen die Rede ist, wo Tag und Nacht doch erst am 4. Schöpfungstag von Gott geschaffen werden. Gott und die Zeit ist aber zweifellos ein außerordentlich diffiziles Thema, das auch andere Autoren, Theologen wie Physiker, viel beschäftigt hat. Schließlich ist zu bemerken, dass dieser Schöpfungsbericht ohne Zweifel die Schöpfung als abgeschlossen und „gut" beschreibt, was gegen alle aktuellen Evolutionstheorien steht, die bei aller Verschiedenheit im Detail dahingehend übereinstimmen, dass Kosmogenese und Evolution auch heute noch passieren.

Hochinteressant und für die damalige Zeit geradezu revolutionär sind aber andere Eigenheiten dieses Schöpfungshymnus: Zunächst geschieht eine geradezu abenteuerliche Degradierung der wesentlichen Naturkräfte – allesamt große Gottheiten der Nachbarvölker wie Babylonier, Ägypter oder Assyrer – die dem eigentlichen Schöpfer – Gott – total untergeordnet werden. So wird etwa die Sonne – der überragende Gott Ra der Ägypter – zum simplen Himmelslicht, zur Laterne am Firmament „herunter gemacht" – eine ungeheure Provokation für alle anders Denkenden. Die zentrale theologische Botschaft dabei: das Göttliche steckt nicht IN den Naturkräften, sondern HINTER/ÜBER jenen. Das ist damit aber zugleich eine klare Absage an all jene, die noch heute meinen, Gott in noch nicht verstandene Einzelheiten der Evolution als Lückenbüßer einzusetzen.

Zweitens geschieht Schöpfung hier Schritt für Schritt *de novo* allein durch das Wort Gottes, nicht wie sonst üblich (und auch früher so gedacht, siehe unten) durch Transformation von etwas anderem. Es ist bezeichnend, dass der Originaltext den Begriff „bará" verwendet, der ausschließlich dem schöpferischen Gott (der „boré") zukommt und niemanden sonst, also auch nicht einem schöpferischen, kreativen Menschen, etwa einem Dichter, Sänger oder Gelehrten. Diese so sorgfältige terminologische Unterscheidung zwischen dem Schöpfergott und dem kreativen/schöpferischen Menschen ist durch den lateinischen Begriff „creatio" bzw. auf deutsch „Schöpfung" leider vollkommen verloren gegangen.

Interessanterweise wird aber an den Anfang nicht das Nichts gesetzt, sondern das Chaos, das Tohuwabohu, die „Wüste", wie es Luther übersetzt hat. Erst viel später, im Buch Makkabäus (2 Makk 7,28), das erst im zweiten nachchristlichen (!) Jahrhundert fertig gestellt und in griechischer Sprache abgefasst wurde, wird gesagt, dass Gott die

Welt aus dem Nichts geschaffen hat (creatio ex nihilo sagt der Fachmann dazu).

Drittens ist am Ende alles „Gut“ und fertig, die Schöpfung hat einen klaren Abschluss, sie dauert nicht fort. Und der darauf folgende Ruhetag Gottes, der Sabbat, wird zum Alleinstellungsmerkmal des Volkes Israel, sei es im gelobten Land Kanaan, oder aber auch in der Fremde, etwa der Babylonischen Gefangenschaft.

Noch wichtiger für unser Anliegen ist aber eine andere Tatsache. Viele Autoren, und gerade solche, welche die Bibel mit der Naturwissenschaft versöhnen möchten, weisen gerne und mit großer Genugtuung mit den Worten „und die Bibel hat ja doch recht“ auf die Übereinstimmung des besungenen zeitlichen Ablaufes mit den Resultaten von Kosmologie und Evolutionstheorie hin. In der Tat, einige Übereinstimmungen sind teilweise verblüffend, zunächst die Gestirne, dann Wasser und Land, die Pflanzen (wenn auch vor der Sonne), die Tiere, schließlich der Mensch – kann das Zufall sein? Selbst Rupert Riedl gliedert als lupenreiner Biologe und Evolutionstheoretiker seine „Strategie der Genesis“ in Kapitel, die den „Schöpfungstagen“ zugeordnet sind. Und trotzdem: mit den Schöpfungstagen ist kein Staat zu machen, weder in Bezug auf die Zeitspanne noch auf den geschilderten Ablauf. Der Grund dafür ist bereits auf der „Seite 2“ der Bibel zu finden.

2.2. DER „ZWEITE" SCHÖPFUNGSBERICHT – LÜGT DIE BIBEL?

Viel weniger bekannt als die oben zitierten Zeilen und selbst von Theologen häufig ignoriert, ist der sogenannte „zweite Schöpfungsbericht“, der in Fachkreisen als „Jahwist-Bericht“ bezeichnet wird, da für Gott der Begriff „Jahwe“ verwendet wird. Die viel später entwickelte Nummerierung von Kapiteln und Versen verwischt die Grenze beider Berichte, welche aber aufgrund der völlig unterschiedlichen Stile (Worte wie Syntax) leicht zu trennen sind. Auch hier zum Einstieg zunächst der Originaltext in der Einheitsübersetzung:

Das Paradies: Genesis 2,4b – 25

> *4b Zur Zeit, als Gott, der Herr, Erde und Himmel machte, 5 gab*
> *es auf der Erde noch keine Feldsträucher, und wuchsen noch*
> *keine Feldpflanzen; denn Gott, der Herr, hatte es auf der Erde*
> *noch nicht regnen lassen, und es gab noch keinen Menschen,*
> *der den Ackerboden bestellte; 6 aber Feuchtigkeit stieg aus der*
> *Erde auf und tränkte die ganze Fläche des Ackerbodens.*
>
> *7 Da formte Gott, der Herr, den Menschen aus Erde vom*
> *Ackerboden und blies in seine Nase den Lebensatem. So wurde der Mensch zu einem lebendigen Wesen.*
>
> *8 Dann legte Gott, der Herr, in Eden, im Osten, einen Garten an und setzte dorthin den Mensch, den er geformt hatte.*
> *9 Gott, der Herr, ließ aus dem Ackerboden allerlei Bäume*
> *wachsen, verlockend anzusehen und mit köstlichen Früchten,*
> *in der Mitte des Gartens aber den Baum des Lebens und der*
> *Baum der Erkenntnis von Gut und Böse.*

[10] Ein Strom entspringt in Eden, der den Garten bewässert;
dort teilt er sich und wird zu vier Hauptflüssen. [11] Der eine
heißt Pischon; er ist es, der das ganze Land Hawila umfließt,
wo es Gold gibt. [12] Das Gold jenes Landes ist gut; dort gibt
es auch Bdelliumharz und Karneolsteine. [13] Der zweite Strom
heißt Gihon; er ist es, der das ganze Land Kusch umfließt.
[14] Der dritte Strom heißt Tigris; er ist es, der östlich an Assur
vorbeifließt. Der vierte Strom ist der Eufrat.

[15] Gott, der Herr, nahm also den Menschen und setzte ihn in
den Garten von Eden, damit er ihn bebaue und hüte. [16] Dann
gebot Gott, der Herr, dem Menschen: Von allen Bäumen des
Gartens darfst du essen, [17] doch vom Baum der Erkenntnis
von Gut und Böse darfst du nicht essen; denn sobald du da-
von isst, wirst du sterben. [18] Dann sprach Gott, der Herr: Es
ist nicht gut, dass der Mensch allein bleibt. Ich will ihm eine
Hilfe machen, die ihm entspricht. [19] Gott, der Herr, formte
aus dem Ackerboden alle Tiere des Feldes und alle Vögel des
Himmels und führte sie dem Menschen zu, um zu sehen, wie
er sie benennen würde. Und wie der Mensch jedes lebendige
Wesen benannte, so sollte es heißen. [20] Der Mensch gab Na-
men allem Vieh, den Vögeln des Himmels und allen Tieren
des Feldes. Aber eine Hilfe, die dem Menschen entsprach,
fand er nicht. [21] Da ließ Gott, der Herr, einen tiefen Schlaf
auf den Menschen fallen, sodass er einschlief, nahm eine sei-
ner Rippen und verschloss ihre Stelle mit Fleisch. [22] Gott, der
Herr, baute aus der Rippe, die er vom Menschen genommen
hatte, eine Frau und führte sie dem Menschen zu.

Der Bericht des Jahwisten ist mit großer Sicherheit wesentlich älter als die Priesterschrift (obwohl auch jener wahrscheinlich eine lange mündliche Tradition hatte), er wird in die Zeit des Königs Salomon (ca. 950 v. Chr.) datiert. Die Anordnung dieses Textes hinter die jüngere Priesterschrift ist ärgerlich weil verwirrend, dem einmal Eingeweihten aber letztlich kein Problem. Viel wichtiger ist der klare Gegensatz im Ablauf der Ereignisse: In der Priesterschrift erscheint der Mensch als letzter am Schauplatz der Schöpfung, „als Mann und Frau schuf Er ihn [den Menschen]". Im Bericht des Jahwisten hingegen wird der Mensch zu Beginn erschaffen, erst danach (siehe Verse 6-7) wird ihm durch den Schöpfergott alles hinzu gegeben, als letztes die Frau. Im Priesterbericht wird die Schöpfung als abgeschlossen und gut bezeichnet, im Bericht des Jahwisten muss mehrfach nachgeholfen werden und es ist zunächst „nicht gut". Im Babylonischen Schöpfungshymnus schafft Gott durch das Wort aus dem Nichts, hier transformiert bzw. modifiziert (Thomas von Aquin hätte auf Latein „mutatio" dazu gesagt) er Ackererde zu Mensch und Tier – die damals gebräuchliche Weise, sich Schöpfung vorzustellen. Es nützt nichts: jeder auch noch so weiche Vergleich der Ereignisse führt zu unlösbaren Widersprüchen. Mehr noch: Bei wörtlicher Auslegung beider Berichte ist das Dilemma kaum zu vermeiden: die Frage, an welcher Stelle die Bibel denn nun lügt.

Die Lösung des Problems steckt aber bereits in seiner Existenz. Niemand darf so naiv sein zu glauben, dass den Redakteuren der Endfassung dieser Texte und den späteren Priestern, welche diese Texte tradiert haben, die darin enthaltenen offensichtlichen und massiven Widersprüche nicht aufgefallen wären. Und es wäre sicherlich nicht allzu schwierig gewesen, diese Widersprüche durch leichte Textveränderungen und Herausstreichen zu bereinigen – was im Gegensatz zu vielen anderen Stellen des Alten Testaments aber eben nicht geschah. Das Überleben beider Texte in ihrer vielfältigen, klaren Widersprüchlichkeit bis auf den heutigen Tag ist ein schlagender Beweis für die Behauptung, dass den biblischen Redakteuren und danach während des dreihundert Jahre langen Prozesses der Kanonisierung (die Feststellung: das gehört dazu) der Heiligen Schriften bis zur endgültigen Festlegung 367 n.Chr. durch Bischof Athanasius von Alexandrien, der rein historische Ablauf und Modus, also das „Wie" der Ereignisse offensichtlich völlig gleichgültig war. Der realgeschichtliche Wahrheitsgehalt, das „Wie" der besungenen und geschilderten Prozesse, war und ist vollkommen unwesentlich.

2.3. DIE SCHÖPFUNGSLEHRE DES ALTEN TESTAMENTS

Offensichtlich waren es also ganz andere Kriterien, welche diese Texte, und zwar beide in ihrer Widersprüchlichkeit, für die jüdisch-christliche Glaubensüberlieferung so bedeutend machten, dass sie kanonisiert, d.h. zur „heiligen Schrift" erklärt wurden. Dies können nach den gerade geschilderten Überlegungen zum „Überleben" beider Textstellen nur Aussagen sein, die nicht widersprüchlich sondern übereinstimmend und einander ergänzend dargestellt werden. Mir scheinen folgende Aussagen wesentlich und grundlegend zu sein:

Das Wichtigste zuerst: Es gibt nur einen einzigen Schöpfergott. Dies war ein fundamentaler Gegensatz zu den durchwegs polytheistischen (Vielgötter-) Religionen praktisch aller Nachbarvölker, insbesondere der politisch und militärisch bedeutenden Phönizier, Babylonier und Ägypter.

Unfassbare Mythen werden durch konkrete Schöpfungstaten ersetzt. Während die Nachbarvölker die Gestirne wie Sonne, Mond und Sterne als jeweils mächtige Gottheiten verehrten, werden sie im biblischen Schöpfungshymnus auf fast abenteuerliche Weise degradiert und als simple Himmelslichter ans Firmament montiert. Gleiches gilt für andere Naturkräfte, wie Wasser (Meer), Feuer, Wind und Erde: weit entfernt, opferreiche Verehrung wie bei den benachbarten Konkurrenzreligionen beanspruchen zu dürfen, verblassen sie als völlig passiv Geschaffenes des allein aktiven Schöpfungsgottes zur absoluten Bedeutungslosigkeit. Nur ein einziger Schöpfer, nur ein einziger Gott: das ist ein wahrhaft großer – und wie wir sehen werden, völlig richtiger – Gedanke. Es ist interessant, dass dieser zentrale Glaubensinhalt sämtlicher monotheistischer Religionen (Judentum, Christentum, Islam) gerade durch den modernen Kreationismus wieder in Frage gestellt wird: wer den Schöpfer direkt IN der Schöpfung sucht und IHN nicht als Primärursache versteht, hat die wesentlichste Botschaft der biblischen Schöpfungsmythen nicht verstanden.

Zweitens: Es gab einen konkreten Anfang allen Seins, diese Schöpfung war nicht schon „immer da", das Universum hat einen zeitlichen und räumlichen Beginn.

Drittens: Dieser Anfang hatte eine singuläre (d.h. einzige, siehe oben), personelle Ursache, die Gott (Jahwe, Elohim) genannt wird.

Viertens: Aber dieser Gott ist auch während des gesamten Schöpfungsablaufes und auch danach, das heißt auch hier und heute präsent, der Theologe nennt das „creatio continua“, die andauernde Schöpfung. Es ist also nach biblischer Meinung nicht so, dass nur ein Anstoß gegeben wurde, nein, diese Schöpfung existiert aus der permanenten Gegenwart des Schöpfers. Das wird expressis verbis ausgesprochen: Lässt sich doch der Gott des Abraham, Isaak und Jakob als „Jahwe“ (d.h. „Ich bin da“ oder sogar „Ich bin, der sein wird”; siehe unten) anreden (Ex 3, 13-15). Gerade diese so klare biblische Aussage wird uns noch zu beschäftigen haben, zerstört sie doch einen der beliebtesten Kompromisse unseres Generalproblems, Gott nur an den Anfang zu setzen.

Fünftens: Der Mensch ist zunächst einmal Teil der Schöpfung. Aufgrund seiner Urteilsfähigkeit hat er aber in dieser Schöpfung eine Sonderstellung inne. Diese Sonderstellung ist nach beiden Fassungen mit Macht ausgestattet: In der Priesterschrift heißt es: „Macht euch die Erde untertan“ – selten wurde eine biblische Aufforderung so wörtlich genommen und so falsch ausgelegt: Der Herrscher hat nicht nur Macht, sondern vor allem Verantwortung für sein Volk. Und auch im Bericht des Jahwisten übergibt Gott dem Menschen seine Schöpfung. Dass diese Macht aber auch Grenzen hat und mit Verantwortung verbunden ist, wird spätestens einige Zeilen später im Mythos des Sündenfalls geschildert.

Schließlich wäre noch zu fragen, was es denn mit dem *Ebenbild Gottes* auf sich hat. Auch hier fällt zunächst der direkte Widerspruch zum Mosaischen Gesetz auf, welches das Bilderverbot enthält: *Du sollst dir kein Gottesbild machen* (Ex 20,4), heißt es dort – und Gott selbst sollte den Menschen als solches definieren? Nun, die Theologen sind der Meinung, beim Ebenbild Gottes handelt es sich nicht um eine bildliche, sondern um eine funktionelle Gleichsetzung: So wie der Schöpfer sich liebevoll um seine Schöpfung kümmert, so soll auch sein Ebenbild handeln – und nicht als ausbeuterischer Herrscher der Welt auftreten. Die mittelalterliche Definition des ebenbildlichen Menschen als „Concreator" (Mitschöpfer) drückt das präzise aus.

2.4. DER JOHANNESPROLOG

Auch das Neue Testament beschäftigt sich mit dem Anfang aller Dinge und Zeiten, allerdings auf eine völlig andere und ganz neue Weise. Vor allem der sogenannte „Prolog" des Johannes-Evangeliums enthält Kernaussagen zu unserem Thema. Der Text wurde wahrscheinlich nicht vom Jünger Johannes, sondern von einem seiner Schüler verfasst. Er stammt vermutlich als letztes der vier Evangelien erst aus dem beginnenden 2. Jahrhundert nach Christus, auf der Basis von Vorlagen der übrigen Evangelien, einiger Apostelbriefe und eigener Traditionen. Wieder zunächst der Originaltext des 1. Kapitels in der Einheitsübersetzung:

Beginn des „Prologs": Johannes 1, 1-3

1 *Im Anfang war das Wort,*
und das Wort war bei Gott,
und das Wort war Gott.
2 *Im Anfang war es bei Gott,*
3 *Alles ist durch das Wort geworden,*
und ohne das Wort wurde nichts,
was geworden ist.

Hier kommt sicherlich niemand in Versuchung, diese Verse für einen historischen Tatsachenbericht anzusehen. Der Johannes-Prolog ist lupenreine Theologie, ist ein fundamentales philosophisches Konzept zur Schöpfungsfrage. Doch wie sollen wir diesen Text verstehen, wie ihn mit unserem schwachen Verstand fast zwei Jahrtausende nach seiner Niederschrift interpretieren?

Ein wesentliches Hindernis für ein tieferes Verständnis des Johannes-Prologs liegt meiner Ansicht nach in seiner sehr verunglückten Übersetzung. Dies betrifft vor allem den deutschen Begriff „Wort". Im griechischen Originaltext wird hier die Vokabel „Logos" gebraucht. Nun war dieser „Logos" nicht irgendein Begriff, sondern ein zentraler Fachterminus in der antiken griechischen Philosophie. Ursprünglich gebraucht vom aus Ephesos (heute Türkei) stammenden Vorsokratiker Heraklit (540 – 480 v. Chr.) hatte dieser Begriff zur Zeit der Niederschrift des Johannes-Evangeliums (100 – 120 n. Chr.) bereits jahrhundertealte Tradition und war jedem gebildeten Mitglied der antiken Welt wohl bekannt. Als „Logos" verstand der gebildete Zeitgenosse der Antike – und genau an solche Leser richtet sich das Johannes-Evangelium, da ungebildete Leute gar nicht lesen konnten – unter anderem: „Weltseele", „Ur- oder Seinsgrund", „Basis- oder Erstursache", „Urkraft oder Urmacht", „Weltvernunft" oder „Kosmisches Gesetz", „Grundprinzip" oder „Allnatur".

Bei so vielen Übersetzungsmöglichkeiten gibt es nun einen Verfahrenstrick, um nicht die Übersicht zu verlieren: Man übersetzt den fraglichen Begriff überhaupt nicht, sondern verwendet den Originalbegriff und lässt die verschiedenen

Bedeutungen dieses Begriffes im Geiste Revue passieren. Der Text liest sich dann etwas verfremdet so – rechts habe ich die wesentlichsten Übersetzungsmöglichkeiten von „Logos" noch einmal angeführt:

TEXT	LOGOS kann heißen:
1 *Im Anfang war LOGOS,*	Weltseele
und LOGOS war bei Gott,	Urgrund
und LOGOS war Gott.	Erstursache
2 *Im Anfang war LOGOS bei Gott,*	Urkraft
3 *Alles ist durch LOGOS geworden,*	Grundprinzip
und ohne LOGOS wurde nichts,	Allnatur
was geworden ist.	Basismacht

Es wird uns noch zu beschäftigen haben, dass beginnend mit dem Johannes-Evangelium die christliche Philosophie und Theologie den „Logos" mit Gott bzw. Jesus Christus selbst gleichsetzt und ihn unter anderen mit „Liebe" interpretiert. Und auch die in der christlichen Tradition so häufig gewählte Übersetzung „Wort" im Sinne von „Du sollst Dich angesprochen fühlen" liegt angesichts der Interpretation von Schöpfung als „1. Buch Gottes" nicht falsch. Dieser nunmehr wahrhaft christliche (und nicht mehr jüdisch-griechische) „Logos" wird einer der Angelpunkte unseres Syntheseversuches sein.

Doch zunächst genug von dem, was die Bibel zum Anfang, zur Schöpfung sagt. Wir wollen uns im Folgenden der naturwissenschaftlichen Problematik zuwenden, um danach den gespannten Kreis wieder zu schließen.

3. GRUNDFRAGEN ZU KOSMOLOGIE UND EVOLUTIONSTHEORIE

3.1. ZUFALL UND ZUFÄLLE

Das Thema „Zufall“ ist sicher eines der entscheidenden Hindernisse auf dem Weg zu einer Synthese zwischen Evolutionstheorie und Schöpfungsglaube. Sollen wir tatsächlich wie Jacques Monod meint, „ohne Sinn und Zweck auf dieser Welt leben“? Ist auch der Mensch – und bin damit auch ich – ein reines Zufallsprodukt, das „seine totale Verlassenheit ...erkennen muss“? Hat das Universum, wie Richard Dawkins ausführt, „keinen Plan, keine Absicht, kein Gut und Böse, nichts außer blinder, erbarmungsloser Gleichgültigkeit"? Oder sollen wir Jean Guitton folgen, der meint: „Das Universum enthält keinen Zufall“?

Um diese zweifellos zentrale Frage in den Griff zu bekommen, ist es zunächst ratsam, sich zu fragen, was denn Zufall eigentlich ist. Und siehe da: Es gibt nicht nur einen Zufall, sondern deren gleich mehrere:

Nehmen wir an, dass ich mit meiner Familie einen Urlaub in der Karibik buche, um den Chef, die Kollegen oder die lieben Nachbarn einmal im Jahr für eine Weile zu vergessen. Unverhofft stelle ich dann voller Freude fest, dass die Müllers von nebenan „zufällig“ (oder etwa gar absichtlich?) im gleichen Hotel gebucht haben – das ist der Zufall, wie wir ihn kennen. Etwas wissenschaftlicher heißt dies „das regellose und unvorhersehbare Zusammentreffen zweier unabhängiger Ereignisketten". Doch Gott sei Dank, mit diesem Zufall haben Kosmologie und Evolutionstheorie nichts zu tun.

3.1.1. Indetermination im Mikrokosmos

Der „Zufall" der Naturwissenschaft, zunächst der theoretischen Physik, wird eigentlich viel besser und genauer als „Indetermination" bezeichnet. Das bedeutet schlicht und einfach, dass nicht alles in diesem Kosmos vorher bestimmbar und berechenbar ist, und zwar aus prinzipiellen Gründen und nicht etwa, weil wir (noch) zu dumm dazu wären. Ein bekanntes Beispiel aus dem Bereich Radioaktivität soll dies verdeutlichen:

Das Element, genauer gesagt das Isotop Uran 234 ist auf Dauer nicht stabil, sondern zerfällt nach gewisser (wenn auch langer) Zeit in sogenannte Spaltprodukte, konkret in ein zweifach positiv geladenes Heliumion und das Thoriumisotop 230. Das heißt, dass nach etwa 245.000 Jahren von einem Kilogramm Uran 234 nur noch die Hälfte vorhanden ist, nach weiteren 245.000 Jahren ein Viertel und so weiter. Man spricht von der „Halbwertszeit" dieses Uranisotops.

Selbst der beste Physiker kann aber nicht einmal annähernd vorher berechnen – und wird es auch niemals können! – wann ein bestimmtes Uranatom nun zerfallen wird. Denn ein solches einzelnes Atom kann noch Millionen von Jahren überdauern, oder aber in der nächsten Zehntelsekunde zerfallen sein. Bereits im ersten Viertel des 20. Jahrhunderts hat die sogenannte Quantenphysik (teilweise auch als Quantenmechanik bezeichnet) eindeutig zeigen können, dass dieses Unvermögen der Vorausberechnung solcher Phänomene prinzipiell nicht überwunden werden kann. Erwin Schrödinger drückte dies bereits 1922 in seiner Antrittsrede an der Universität Zürich folgendermaßen aus: „Die physikalische Forschung hat klipp und klar bewiesen, dass zum mindesten für die erdrückende Mehrheit der Erscheinungsabläufe, deren Regelmäßigkeit und Beständigkeit zur Aufstellung des Postulats der allgemeinen Kausalität geführt haben, die gemeinsame Wurzel der beobachtbaren strengen Gesetzmäßigkeit – der ZUFALL ist". So paradox es klingt: Dieser „Zufall", diese mikrokosmische Indetermination im (sub-)atomaren Bereich, ist ohne jeden Zweifel ein zentrales Naturgesetz! Die Halbwertszeit ist nur das statistische Mittel aller einzelnen Zerfallsereignisse beim radioaktiven Zerfall.

Nun könnte man meinen, das wäre ja noch nicht weiter tragisch. Haben wir es doch in unserer erfahrbaren, makroskopischen Welt stets mit riesigen Mengen an Atomen zu tun, deren Verhalten wir ja immerhin recht genau mittels Statistik vorhersagen können. Ja man könnte mit Jean Guitton sogar meinen, dass wir es hier mit einer höheren, verborgenen Ordnung zu tun haben, die sich der direkten Beobachtung und Messung entzieht. Das wirklich Aufregende an der ganzen Geschichte ist aber, dass es bestimmte Naturvorgänge gibt, wo dieser atomare Zufall, diese mikrokosmische Indetermination, den direkten Weg in unsere makroskopische Welt findet.

3.1.2. Indetermination in der makroskopischen Welt

Ein besonders schönes Beispiel für einen solchen Vorgang sind Schneekristalle, auch „Eisblumen“ am kalten Fenster sind dazu sehr geeignet. Nehmen Sie sich doch einmal die Zeit, sie mit einer Lupe einmal näher zu betrachten, der nächste Winter kommt bestimmt. Da gibt es scheinbar unendlich viele Formen (es sind wirklich sehr, sehr viele, aber nicht unendlich viele), kein einziger Kristall gleicht dem anderen, jeder dieser Schneekristalle ist ein einzigartiges Gebilde. Ja, man kann sogar ausrechnen, dass es mit extrem hoher Wahrscheinlichkeit seit Anbeginn dieses Universums keine zwei identischen Schneekristalle gegeben hat. Denn die genaue Anordnung der Wassermoleküle beim Kristallisationsvorgang ist wiederum ein indeterministisches, d.h. grundsätzlich nicht vorhersagbares Ereignis, welches wir aber in diesem Fall unmittelbar erfahren, nämlich sehen können.

Ein zweites Beispiel aus unserer Alltagswelt. Alle Würfelspiele dieser Welt gehen davon aus, dass der Wurfwert eben nicht vorausgesehen oder berechnet werden kann, obwohl nur die kinetische Energie des Werfenden und die Schwerkraft auf den Würfel einwirken. Wie geht das zu? Nun, wie der französische Mathematiker René Thom zeigen konnte, durchläuft der Würfel eine Bahn am Tisch oder Boden mit mehreren, extrem labilen (d.h. instabilen) Zuständen, wo sich die mikrokosmische Indetermination in die makroskopisch sichtbare Bahn umsetzen kann. Auch hier ist es statistisch sehr exakt möglich, das Gesamtverhalten großer Mengen an Würfen vorherzusagen: Wenn der Würfel nicht gefälscht wurde, sollten (und werden) alle Zahlen im Mittel gleich häufig auftreten. Aber selbst nach drei Sechsen hintereinander ist ein vierter als Einzelereignis genauso wahrscheinlich (nämlich 1:6) wie alle anderen Werte.

3.1.3. Indetermination in der Biologie

Es scheint mir kein Zufall zu sein, dass gerade im Bereich der Biologie sich Phänomene bzw. Systemeigenschaften häufen, welche die mikrophysikalische Indetermination in die makroskopische Welt transportieren. Zwei ganz wesentliche Beispiele bzw. Mechanismen seien hier herausgegriffen, da sie zugleich Grundlagen von Darwins Evolutionstheorie darstellen.

Zunächst betrachten wir das aus der Genetik bekannte Phänomen „Mutation", die spontane oder von außen (etwa durch Chemikalien oder Strahlung) verursachte plötzliche Veränderung der Erbsubstanz, ohne Zweifel ein Grundmechanismus des evolutionären Wandels. Obwohl sich auch hier statistisch die relativen Häufigkeiten von Mutanten teilweise sogar sehr präzise ermitteln lassen, ist das Einzelereignis wiederum prinzipiell nicht vorhersagbar. Die Umsetzung des nunmehr veränderten mikrokosmischen „Genotyps" (die spezielle Gesamtheit der Erbsubstanz) in den makroskopischen „Phänotyp" (die Gesamtheit aller speziellen Eigenschaften eines Organismus) macht einmal mehr aus einem indeterministischen Zufallsereignis im Mikrokosmos etwas Erfassbares im Makrokosmos. Ohne diese Koppelung von genetischer Mutation und dem im Makrokosmos bzw. der regulären Umwelt agierenden Organismus könnte es Evolution nicht geben, wäre Leben nicht entstanden. Der verschmähte „Zufall“ wird damit zu einer fundamentalen Grundlage der Evolution.

Ein zweites wichtiges, nicht minder indeterministisches Phänomen von Biologie und Evolution betrifft die sexuelle Fortpflanzung der allermeisten Organismen. Wiederum durchläuft ein System, hier sind es die Chromosomen in den Vorstadien der Keimzellen (die sogenannte Oogonien für die Eizellen sowie Spermatogonien für die Samenzellen) einen instabilen Zustand, wiederum erfolgt im Prozess der so genannten Meiose (Reduktionsteilung) ein physikalisch indeterminativer Vorgang, nämlich die Paarung von je zwei geteilten Elternchromosomen und der Aufteilung auf die Tochterzellen. Zusätzliche Zufallsereignisse, wie das berühmte „crossing over“, der Bruch und das erneute Zusammenfügen von Chromosomenstücken, verstärken diesen Effekt. Wie im Falle der Mutation sorgt die biologische Maschinerie der Zellen und Organismen für die Umsetzung dieser mikrophysikalischen Vorgänge in die makroskopische Welt.

Betrachten wir schließlich durch Stecklingsbildung vermehrte Apfelbäume, also genetisch völlig gleichartige, identische Organismen, „Klone“ sagt der Fachmann dazu. Aber selbst wenn diese Apfelbäume direkt nebeneinander wachsen und kein äußerer direkter Einfluss wie etwa Rückschnitt vorgenommen wird, sind die Apfelbäume nach einigen Jahren klar zu unterscheiden und gleichen sich nicht wie ein Ei dem anderen. Genauso wenig lässt sich präzise vorhersagen, wie einer dieser Apfelbäume in zehn Jahren aussehen wird.

Dies führt uns nun unmittelbar an die eigene Existenz. Auch für uns selbst gelten die indeterministischen Prozesse von Mutation, Rekombination in den Keimzellen unserer Eltern und stochastische Umwelteinflüsse. Aus genau den gerade geschilderten Gründen (Mutation und Meiose) ist es nämlich prinzipiell nicht exakt vorhersagbar, ob das neugeborene Baby die fleischige Nase von Opa oder die spitze Zunge von Oma (ich bitte alle Opas und Omas dieser Welt um Verzeihung) geerbt hat, obwohl sich für alle Merkmale Wahrscheinlichkeitsrechnungen anstellen lassen – die genetische Beratung beruht darauf. Gleiches gilt für alle Merkmale, Fähigkeiten und Verhaltenselemente, die der junge Erdenbürger „vom ihm“ oder „von ihr“, nämlich von Vater und Mutter mitbekommen hat. Selbst eineiige Zwillinge sind bei allen beobachtbaren Ähnlichkeiten ohne Zweifel einzigartig, da auch sie stochastischen (d.h zufälligen) Umwelteinflüssen ausgesetzt sind. Es ist nicht zu leugnen: Auch die menschliche Individualität, die Einzigartigkeit unseres Ichs, ist direkter Ausdruck des Naturgesetzes „Zufall“.

3.1.4. Indetermination als Freiheitsprinzip

Zusammenfassend stellen wir zunächst fest: (1) Der „Zufall“, besser und genauer die grundlegende Indetermination der kosmischen Materie, ist ein Naturgesetz, welches prinzipiell allen Seinsstufen unseres Kosmos nicht vorher bestimmbare Freiheitsgrade gewährt. (2) Häufig und insbesondere bei biologischen Systemen bzw. Organismen ist eine solche quantenphysikalische Indetermination auch in der makroskopischen Welt erkennbar, sie bedingen letztlich auch die gesamte Evolution und unsere eigene individuelle Einzigartigkeit.

Das Naturgesetz des Zufalls in der theoretischen Physik, die mikrokosmische Indetermination, lässt also der Materie dieses Kosmos Freiheitsgrade. Aufgrund von Einsteins berühmter Formel ($E = mc^2$; d.h. Energie ist gleich Masse mal dem Quadrat der Lichtgeschwindigkeit) sind Energie und Materie nur zwei Seiten der gleichen Medaille, ineinander umwandelbar, daher gilt dieses Freiheitsprinzip auch für alle energetischen Phänomene. Man könnte auch auf unser erstes Beispiel bezogen sagen: die Freiheit des einzelnen Uran-Atoms, zu einem beliebigen Zeitpunkt zu zerfallen, ist per Naturgesetz garantiert. Wie wir gesehen haben, betreffen diese Freiheitsgrade nicht nur die Atome, sondern unter Umständen im Rahmen instabiler Systeme alle Seinsschichten, d.h. sämtliche Ordnungsgrade des Kosmos: Das zerfallende Uran-Atom, das erstarrende Wassermolekül, die Punktmutationen und Chromosomenanordnungen der biologischen Erbsubstanz. Man kann durchaus und mit voller Berechtigung von einem naturgesetzlichen „Freiheitsprinzip" des Kosmos sprechen.

Dieses Freiheitsprinzip der gesamten Schöpfung ist auch die unbedingte Voraussetzung unseres freien Willens: Wäre diese unsere Welt im Letzten vorher bestimmt, also determiniert, wäre für eine freie Willensentscheidung kein Platz. „Kismet", also die prinzipielle Vorbestimmtheit (Determination) von Ereignissen, wir mögen sie auch als Vorsehung, Bestimmung oder unabänderliches Schicksal bezeichnen, kennt daher nicht nur keine Verantwortung und keine Schuld bzw. Sünde, sondern eben gar keinen freien Willen. Umgekehrt kann freier Wille aber nicht als direkte Fortsetzung des mikrokosmischen Freiheitsprinzips angesehen werden, da er ja nicht Freiheitsgrade bedingt, sondern ganz im Gegenteil aus mehreren Möglichkeiten eine endgültige Entscheidung herbei führt, also Freiheitsgrade einschränkt. Inwieweit letzteres auch im Blick der modernen Neurobiologie haltbar ist, wird uns noch zu beschäftigen haben.

Damit haben wir aber eine entscheidende Wende herbeigeführt. Aus dem Feindbild „Zufall", der jeglichem göttlichen Plan zuwider zu laufen schien, ist als Freiheitsprinzip des Kosmos eine der wesentlichsten Voraussetzungen unserer eigenen, individuellen Existenz sowie der christlichen (und nicht nur dieser) Theologie und Ethik (Willensfreiheit) geworden! Tatsächlich, der erste Schritt zur Synthese ist getan.

3.1.5. Die Grenzen des Zufalls

Nun könnte man trotzdem mit Jacques Monod der Ansicht sein, dass dieser Kosmos ausschließlich auf dem mikrokosmischen Zufall beruht. Aber: So wichtig, grundlegend, ja unentbehrlich für das Werden und Sein dieser Welt jener Zufall, die quantenphysikalische Indetermination auch ist, dies ist erst die eine Seite der Medaille, nur eine Facette des Kristalls.

Denn das einzelne Uran-Atom hat zwar die Freiheit des prinzipiell unbestimmten Zeitpunktes seines Zerfalls, die Art des Zerfalls und seine Endprodukte sind aber genau determiniert. Es ist unbestimmt und damit frei, wie der nächste Schneekristall aussehen wird, aber er wird mit Sicherheit sechsstrahlig geformt sein. Das „System Würfel" zeigt zwar individuell nicht vorhersagbare Werte für den nächsten Wurf (sonst wäre „Mensch-ärgere-dich-nicht" nicht so spannend), aber mehr als sechs Ereignisse, die Punktzahlen eins bis sechs (oder acht beim Oktaeder-Würfel) sind nicht möglich. Es ist nicht vorhersehbar, wann es zur nächsten Albino-Mutation bei einem Rind oder einer Maus kommen wird, aber violette Kühe sind der Schokoladen-Werbung vorbehalten. Und nicht zuletzt ist auch unsere eigene Individualität eingebettet in die Rahmenbedingungen des Genoms: Wer hätte sich noch nie eine dritte Hand oder ein Hinterkopfauge gewünscht?

Das bedeutet nun nichts anderes, als dass die mikrokosmische Indetermination nicht absolut gesehen werden darf, sondern dass es Gegenspieler gibt. Wie es Manfred Eigen und Ruth Winkler so schön dargestellt haben, stellt sich diese Welt dar als höchst raffiniertes Spiel zwischen „zufälligen", d.h. indeterministischen Ereignissen, die sich aber andererseits in einem strengen Regelsystem, innerhalb starrer und klar definierter Rahmenbedingungen abspielen. Albert Einstein hat als Mitbegründer der Quantenmechanik zeitlebens daran festgehalten: „Gott würfelt nicht". Nach dem bisher Gehörten müssen wir aber Manfred Eigen recht geben, wenn er meint: „Gott würfelt [noch immer!], aber er hält sich dabei an seine Spielregeln".

Die in den letzten Jahrzehnten populär gewordene „Chaos-Theorie" versucht mit mathematischen Methoden genau diese Wechselwirkung von labilen Zuständen, mikrophysikalischen Zufällen und ihrer hoch geschaukelten Auswirkung in der makroskopischen Welt zu beschreiben. Dabei steht die Tatsache im Mittelpunkt, dass es trotz rein zufälliger Einzelereignisse im übergeordneten System Regelmäßigkeit gibt. Ein Beispiel mag dies verdeutlichen: Woher „wissen" die Uranatome, wie viele ihrer Genossen völlig zufällig zerfallen sind, um ein Phänomen wie die Halbwertszeit überhaupt möglich zu machen? Auch hier geht es ständig um die Auswirkungen vom notwendigen Zufall auf zufällige Notwendigkeiten.

Damit gelingt uns ein weiterer Schritt zur Synthese: Das Naturgesetz der quantenphysikalischen Indetermination ermöglicht nicht nur Freiheitsgrade. Die dem jeweiligen System innewohnenden, *a priori* (d.h. von Grund auf) vorgegebenen Regeln dieser Freiheitsgrade vermeiden gleichzeitig das absolute Chaos. Mit anderen Worten, nur innerhalb begrenzender Rahmenbedingungen kann der „Zufall" schöpferisch wirken, nur innerhalb eines vorgegebenen Reglements (die Evolutionstheoretiker sprechen von „Constraints") kann ein auf Zufall aufgebautes Spiel gelingen. Es wird uns noch zu beschäftigen haben, wie denn solche Regelsysteme der Evolution, die so genannten „Baupläne" auf der Basis von zufälligen Mutationen entstehen können.

3.1.6. Noch mehr Zufälle

Wie lange muss ein Schimpanse auf einem Klavier spielen, bis zufällig die 5. Symphonie Beethovens herauskommt? Wie lange ein Kleinkind an der Schreibmaschine hämmern, bis ein Shakespeare-Sonett am Papier steht? Solche und ähnlich griffige Vergleiche finden sich in der kreationistischen Literatur zuhauf. Etwas seriöser und häufig liebevoll mit mathematischen Formeln ausgestattet wird immer wieder darauf hingewiesen, dass die geringe Wahrscheinlichkeit einer zufälligen Entstehung eines einzigen bekannten Eiweißmoleküls (etwa der Blutfarbstoff Hämoglobin) mehr Versuche erfordert als es Atome (ca. 10^{80}: eine 1 mit 80 Nullen!) oder Quanten (ca. 10^{100}) im Kosmos gibt.

Zugegeben, diese Berechnungen sind in ihrer Durchführung alle richtig. Entscheidend ist aber, dass der Ansatz völlig verfehlt ist – ein Fehler, den jeder Mathematik- oder Deutschlehrer mit „Nicht genügend“ bewertet. Denn es wird mit all diesen oder ähnlichen Beispielen nur eine Annahme widerlegt, welche die Evolutionstheorie niemals behauptet hat. Alle diese Berechnungen und Beispiele beweisen nur eines: Dass es eine direkte Wiederholung dieser Kosmogenese, dieser Evolution nicht geben kann, der Evolutionsbiologe spricht hier von „Irreversibilität“. Mit anderen Worten: könnte man das Rad der Zeit zurückdrehen und dann die Evolution wieder arbeiten lassen, das Ergebnis wäre mit Sicherheit ein weitgehend anderes. Diese Welt und wir mittendrin sind wirklich und auf ewig einzigartig.

Das Problem, um das es bei der Synthese-Frage geht, ist aber prinzipiell davon zu unterscheiden. Es geht nicht darum, irgendetwas Existierendes nach zu bauen, sondern wie auf naturgesetzlicher Basis etwas geschaffen werden kann. Die Frage ist nicht, wie es (wiederum) zu einer Fliege kommen kann, sondern wie wahrscheinlich Lebewesen mit Außenskelett und Flügeln sind. Es geht um allgemeine Schichten der Natur, um Atome, Moleküle, Reaktionsketten, Leben, Lernen, Selbstbewusstsein und selbstlose Liebe, und nicht um Konkretes wie Natrium (ein metallisches Element), Keratin (ein bestimmtes Eiweißmolekül), Photosynthese (eine konkrete Stoffwechselform), Gänseblümchen (eine bestimmte Pflanze), Wolf (ein bestimmtes Tier) oder Mensch (ein spezielles, selbstbewusstes Ding). Zugegeben: uns fehlen in Bezug auf diese Frage schlicht noch viele Daten – auf wie viele Arten kann Leben denn nun irgendwo im Kosmos entstehen? Aber eines steht fest: die Wahrscheinlichkeitswerte für Allgemeines liegen um viele Größenordnungen über jenen der Einzelbeispiele. Wiederum salopp gefragt: Wie lange muss ein Schimpanse am Klavier sitzen und dabei für Teilerfolge belohnt werden (ein ganz wesentlicher Faktor!), bis Musik entsteht? Wie lange muss ein Affe an einer Leinwand arbeiten, um Kunstwerke zu schaffen, die sich verkaufen lassen? Hier kennen wir inzwischen die Antwort: nicht lange.

3.1.7. Das Beispiel der Augenentwicklung

Ein besonders bemerkenswertes und von Kreationisten bis vor kurzem oft zitiertes Beispiel stellt die Evolution von Augen im Tierreich dar. Von naturwissenschaftlicher Seite ist es heute unbestritten, dass der molekularbiologische Vorgang der Photorezeption (d.h. Lichtwahrnehmung im weitesten Sinn) schon auf der Ebene von Bakterien und Einzellern vorhanden war. Die entsprechenden Gene konnten daher im Laufe der Evolution jederzeit aktiviert werden. Hingegen ist es noch nicht völlig geklärt, wie oft photorezeptive Zelltypen (Lichtsinneszellen: es gibt zwei Grundtypen) innerhalb der vielzelligen Tiere entstanden sind. Ohne Zweifel haben sich aber photorezeptive Organe („Augen“) unterschiedlichster Konstruktion 60 bis 100mal im Laufe der Evolution herausgebildet. Dabei finden sich neben ganz einfachen Augentypen wie etwa den so genannten Pigmentbecher-Ocellen bei Strudelwürmern und Lochkamera-Augen des Perlbootes *Nautilus* auch vor allem bei Gliedertieren wie Krebsen oder Insekten so genannte Komplexaugen und hoch komplizierte Linsenaugen mit Lidbildung. Letztere zeigen je nach Gruppe eine einfache oder gar doppelte Netzhaut (bei einigen Muscheln), deren Sehzellen evers (zum Licht: z.B. Tintenfische) oder invers (weg vom Lichteinfall: bei Wirbeltieren) angeordnet sind.

Gerade die Evolution von Linsenaugen, die ja auch dem Menschen zukommen, war und ist den Kreationisten stets ein Dorn im Auge gewesen. Tatsächlich stellt sich die knifflige Frage, wie so ein komplexes Linsenauge in der relativ kurzen zur Verfügung stehenden Zeit entstehen konnte, da ja hier alle Teilstrukturen wie Cornea (Schutzapparat), Linse (Lichtbündelung), Kristallkörper (Lichtbrechung) und photosensitiver Apparat (Netzhaut) detailliert aufeinander abgestimmt werden müssen, um Funktionsfähigkeit herzustellen. Kann man glauben, dass genug Zeit vorhanden war, um ein solch kompliziertes Organ „aus Nichts und nur durch Zufall“ entstehen zu lassen?

Aus Nichts bestimmt nicht. Aber wir wissen ja bereits, dass der hoffnungsvolle zukünftige Augenträger auf bewährte genetische Rezepte zur Biochemie der Photorezeption zurückgreifen konnte. Das molekularbiologische Rüstzeug war also bereits vorhanden. Mit großer Wahrscheinlichkeit finden sich auch bereits photorezeptive Zelltypen, so dass sich das Problem auf die reine Organentwicklung eingrenzen lässt.

Nun ist es für viele Organismen bereits ein entscheidender Überlebensvorteil, hell und dunkel zu unterscheiden oder auf Schatten reagieren zu können. Das heißt, dass auch ein sehr einfach gebauter photorezeptiver Apparat bereits einen deutlichen Selektionsvorteil auslösen kann. Mit zunehmender Komplexität nimmt dieser Vorteil stets zu – unabdingbare Voraussetzungen für rasche Vorgänge in der Evolution.

Eine bereits 1994 publizierte und weitgehend unbeachtete Hochrechnung zeigt nun zunächst den wahrscheinlichsten Weg und lässt auch eine Schätzung für die benötigten Mutationsschritte bzw. die benötigte Anzahl an Generationen zu. Ausgehend von einer flachen Scheibe aus lichtempfindlichen Zellen erhöht sich zunächst durch einfache Einstülpung die Qualität des Bildes graduell. Je tiefer nämlich die Blase, desto genauer kann die Richtung des Licht- (oder Schatten-) Einfalls erfasst werden. Praktisch alle Stadien einer solchen Einstülpung sind bei einigen Tierarten noch heute vorhanden, und zeigen damit ihre faktische Machbarkeit in der Evolution. Als stabiles Zwischenstadium findet sich ein Lochkamera-Auge, wie es etwa beim Perlboot *Nautilus* auftritt. Die nunmehr vorliegende Blase wird in vielen Fällen (etwa bei ursprünglichen Schnecken) mit durchsichtigem Sekret gefüllt. Dies vermeidet das Eindringen von Schmutzpartikeln, bewirkt aber auch einen wenn auch schwachen Linseneffekt. Die Tatsache, dass dieses Sekret in Schichten abgesondert wird, führt unter anderem dazu, dass anders als bei homogenen Glaslinsen die optischen Fehler weitgehend vermieden werden. Mit zunehmender Verdichtung des Sekrets steigert sich die optische Qualität des Auges. Ansetzende Muskelfasern lassen es schließlich zu, die Linse zu verschieben (Wasserlebewesen) oder zu verformen (Landlebewesen).

All diese Schritte sind in der Computersimulation nachvollziehbar, wobei die optische Qualität des entstehenden Linsenauges ständig steigt. Entscheidend ist aber die Anzahl der benötigten Mutationsschritte: Diese liegt selbst bei sehr pessimistischen populationsbiologischen und selektiven Grundannahmen bei weniger als 400.000 Generationen für ein Fischauge. Selbst unter der Annahme von langlebigen und spät reproduzierenden Arten, d.h. einer Generationenfolge von mehreren Jahren, ist dies in geologischen Zeitmaßstäben kürzer als ein Wimpernschlag.

3.2. ORDNUNG VON SELBST?

3.2.1. Der Entropiesatz und seine Folgen

Es gibt keinen Zweifel, dass Lebewesen außerordentlich komplexe Systeme darstellen, deren Moleküle hochgradig geordnet und strukturiert vorliegen. Leben ist eben weit mehr als eine Ansammlung von Biomolekülen, sondern strukturell hoch komplexe Materie mit Prozesscharakter, wie schon Erwin Schrödinger festgestellt hat. Wenn also die Evolutionstheorie die rein naturgesetzliche Entstehung von Lebewesen als Paradigma (d.h. zentrale Annahme) aufweist, ist natürlich zu fragen, wie denn eine solch hochgradige Ordnung naturgesetzlich (d.h. ohne einen „deus ex machina“) zu erreichen sei.

Denn der 2. Hauptsatz der Thermodynamik, der grundlegenden physikalischen Theorie von Ordnungszuständen, sagt ganz klar, dass geschlossene Systeme grundsätzlich zu ungeordneten Zuständen hin tendieren. Mit physikalischen Worten: Die Systeme nehmen an Entropie (der Grad an Unordnung) zu. Salopp gesagt: ein Eimer füllt sich nicht von alleine mit Wasser und mein Schreibtisch räumt sich nicht von alleine auf.

Doch halt: wenn ich meinen Eimer in den Regen stelle, wird er „von selbst", ohne mein Zutun gefüllt. Die Wassermoleküle, welche von der absorbierten Sonnenenergie in einen höheren Energiezustand (Dampf) gehoben wurden, fallen wieder zur Erde und überwinden in meinem Eimer den Entropiesatz. Und wenn ich (selten genug) die Energie aufbringe, meinen Schreibtisch auf Vordermann zu bringen, übersteht er danach auch den kritischen Blick meiner Sekretärin. Physikalisch ausgedrückt: wenn in ein System Energie einfließt, d.h. diese Systeme „offen" sind, kann dadurch lokal, d.h. zeitlich und räumlich begrenzt, der Entropiesatz überwunden werden. Nun sind Lebewesen ohne jeden Zweifel lokale, offene Systeme, die regelmäßig Energiezufuhr in Form von chemischer Energie (Bakterien, Pilze), Sonnenlicht (Pflanzen) oder Nahrung (Tiere) benötigen, um ihren hohen Ordnungsgrad aufrecht zu erhalten oder sogar (durch Wachstum und Reproduktion) zu vermehren. Diese Ordnung geht auf Kosten der aufgenommenen Energieform, insgesamt bleibt der 2. Hauptsatz der Thermodynamik erfüllt.

3.2.2. Woher kommt die Energie?

So klar und einleuchtend dieser Befund auch ist, er löst unser Basisproblem der Entstehung von Ordnung auf naturgesetzlichem Wege nicht, er verlagert es nur. Denn nun ist natürlich zu fragen, wo denn letztlich die Energie herkommt, die alle Organismen und damit auch uns selbst gegen den Strom des Entropiesatzes schwimmen lässt. Denn auch Nahrung (d.h. andere Organismen), Sonne und energiereiche Moleküle gab es ja nicht schon immer, auch diese (wie ALLES, sagt der Johannesprolog) sind geworden. Einmal mehr ist Einsteins berühmte Formel ($E = mc^2$; s.o.) zu bemühen, einmal mehr stellen Energie und Materie nur zwei Seiten der gleichen Medaille dar. Die Frage ist also doppelt zu stellen: Woher kommt die Materie und damit die Energie in diese Welt, in diesen Kosmos? Es ist die Frage nach dem Anfang aller Dinge.

3.3. ALLER ANFANG IST SCHWER

3.3.1. Gab es einen Anfang?

Auf den ersten Blick scheint dieses Universum für die Ewigkeit gebaut zu sein, nicht umsonst spricht sogar der Astronom von „Fixsternen", d.h. in ihren Positionen nicht (zumindest nicht in unserer Lebensspanne) veränderlichen Sonnen am Firmament. Was liegt daher näher, als zu vermuten, dass es schon seit Ewigkeiten existiert? Diese Hypothese lässt sich allerdings auf mehreren Ebenen widerlegen:

(1) Wie oben ausgeführt streben nach dem Zweiten Thermodynamischen Hauptsatz, dem Entropiesatz, geschlossene Systeme immer von der Ordnung zur Unordnung. Wenn unser Kosmos in seiner Gesamtheit ein solches geschlossenes System ist, dann muss irgendwann einmal ein Zustand höchster Ordnung existiert haben. Sollte unser Universum aber ein offenes System sein, wo Energie aus einem wie immer gearteten „Hyperraum“ zufließt, dann verlagert sich das Problem nur in diesen „Hyperraum“.

(2) Wir wissen seit geraumer Zeit, dass sich alle Galaxienhaufen dieses Kosmos voneinander entfernen, da sich der gesamte kosmische Raum ausdehnt, ähnlich wie dies einzelne Punkte auf der Oberfläche eines aufgeblasenen Luftballons tun. Dies lässt sich unter anderem daran erkennen, dass sich die Frequenz des ausgesandten Lichts verringert, d.h. die Farbe verschiebt sich in den Rotbereich und dies umso mehr, je schneller sich die Lichtquelle entfernt, vergleichbar mit einer sich rasch entfernenden Sirene, deren Ton tiefer wird. Diese „Flucht der Galaxien“ muss einen Ausgangspunkt gehabt haben.

(3) Es wird nachts dunkel. In einem unendlich alten und unendlich großen Universum hätte uns das Licht auch der entferntesten Sterne aber bereits erreicht. Wie das sein kann? Da im Durchschnitt die Anzahl der Sterne mit der dritten Potenz der Entfernung zunimmt, deren Helligkeit aber nur mit dem Quadrat der Entfernung abnimmt, müsste der Himmel auch nachts taghell erleuchtet sein.

Wir stellen zusammenfassend fest, dass dieser Kosmos nicht „seit Ewigkeiten“ existiert, d.h. nicht unendlich alt ist, sondern einen Anfang gehabt hat. Die moderne Kosmologie hat mittlerweile den Zeitpunkt des Anfangs dieses Kosmos auf knapp 14 Milliarden Jahre berechnet. Die grundsätzliche Aussage der Kosmologie über den Anfang deckt sich wiederum mit der Grundaussage der Bibel: Es gab einen Anfang. Aber wie sah diese Geburt unseres Kosmos nun aus?

3.3.2. Die Grundkräfte

Um das Problem des Anfangs in den Griff zu bekommen, ist zunächst ein kleiner Ausflug in die theoretische Physik nötig. Schon seit längerer Zeit unterscheiden die Physiker vier sogenannte Grundkräfte in diesem Universum. (1) Davon ist uns der „Elektromagnetismus" recht vertraut, verursacht diese Kraft doch so bekannte Erscheinungen wie Magnetfelder oder Elektromotoren. Auch Radiowellen, Sonnenlicht und Wärme, Röntgen- und Gammastrahlung sind alles elektromagnetische Wellen, wenn auch mit stark unterschiedlicher Frequenz. (2) Die sogenannte „Schwache Kraft" ist für den radioaktiven Zerfall verantwortlich. (3) Die „Starke Kraft" (Kernkraft) sorgt dafür, dass die positiv geladenen Protonen, die mit den elektrisch neutralen Neutronen die Atomkerne aufbauen, nicht aufgrund der elektromagnetischen Abstoßung auseinander fliegen, sondern den Kern zusammenhalten. Allerdings wirkt diese Kraft nur auf äußerst kurze Entfernungen. (4) Schlussendlich finden wir in der „Gravitation" oder „Schwerkraft" wiederum ein scheinbar vertrautes Grundprinzip, welches den Physikern nach wie vor allerdings massive Probleme beschert.

Als Ende des 19. Jahrhunderts der Schotte James C. Maxwell die Phänomene der Elektrizität und des Magnetismus zur synthetischen Theorie des Elektromagnetismus verband, dachte wohl noch niemand daran, dass dieser geniale Physiker nur den ersten Schritt einer Entwicklung tat, die gerade heutzutage mit großer Intensität weiterverfolgt wird. Albert Einstein gelang die epochemachende Entdeckung, dass mittels seiner berühmten Formel <$E = mc^2$> Materie als Energieform und umgekehrt Energie als zur Materie äquivalent, d.h. austauschbar angesehen werden darf. Zurückblickend auf unsere Überlegungen zum Zweiten Hauptsatz der Thermodynamik dürfen wir daher sicher sein, das Problem der Anfangsenergie gelöst zu haben, wenn es uns gelingt, den Ursprung der kosmischen Materie oder der ihr innewohnenden Energie aufzuklären.

Es ist bereits vor einiger Zeit gelungen, im Rahmen einer „Unifying Theory" (UT) eine mathematische Form für eine Vereinigung von Elektromagnetismus und Schwacher Kraft zu finden. Diese „Elektroschwache Kraft" ist derzeit der Ausgangpunkt für weitere, sehr intensive Versuche, auch die „Starke Kraft" im Rahmen einer „Grand Unifying Theory" (GUT) einzubeziehen. Schließlich träumen die theoretischen Physiker auch davon, eine Gesamttheorie aller Grundkräfte zu entwickeln, und die längere Zeit favorisierte „Superstring-Theorie" mag diesen Traum tatsächlich einmal verwirklichen können, wenngleich es auch hier Zweifel gibt. Was heißt das nun: nichts weiter, als dass immer mehr Fachleute die Ansicht vertreten, dass die uns so verschieden vorkommenden Grundkräfte nur unterschiedliche Aspekte einer einzigen Urkraft sind.

Typisch für alle diese mathematischen Berechnungsversuche ist es, dass die für unser alltägliches Erleben und Messen scheinbar so verschiedenen Grundkräfte unter der Annahme extremer Dichte und ungeheurer Temperatur einander zunehmend ähnlicher werden. Das ist auch der Grund, warum alle diese ursprünglich rein theoretischen Überlegungen über die Grundkräfte mit unserem Problem des Anfangs direkt verknüpft sind. Denn die Berechnungen über den Zustand des Universums an seinem Beginn zeigen, dass damals genau jene Bedingungen herrschten, wo die atomaren Grundkräfte vereint sind. Es ist dabei von untergeordneter Bedeutung, ob dieser Zeitpunkt 10 oder 20 Milliarden Jahre zurückliegt, die wirklich kritische Zeit sind die „ersten drei Sekunden", wie der Titel eines berühmten Buches zum Thema lautet. Heute müsste man schreiben, die erste billionstel Sekunde nach dem Punkt Null.

3.3.3. Urkraft und Urknall

Es ist heute unbestritten, dass der Beginn unseres Kosmos heftig, explosionsartig erfolgte, salopp spricht man daher vom „Urknall". Nun sind diese Berechnungen der physikalischen Zustände und Kräfte zum Zeitpunkt dieses Urknalls bereits erstaunlich präzise und reichen unglaublich nahe an diesen selbst heran (im Detail sehr verständlich dargestellt auf Wikipedia – Urknall). Mehr noch: die resultierenden Daten sind in der Tat erstaunlich und für unseren kleinen Verstand – er wurde nicht für Überlegung zur theoretischen Physik des Universums evolviert – eigentlich unbegreiflich: Die Frühzustände unseres Universums ermöglichten die Differenzierung der Grundkräfte aus einer einzigen Urkraft heraus. Bei etwa 10^{-43} Sekunden (eine Eins, gebrochen durch eine Eins mit 43 Nullen!) nach dem Urknall war das ganze heutige Universum eine kleine Sphäre von ca. 10^{-32} Millimeter, d.h. der gesamte kosmische Raum selbst hatte ein Volumen, welches um 20 Zehnerpotenzen (!) kleiner war als ein Atomkern (10^{-12} Millimeter). Es herrschte eine unvorstellbar hohe Temperatur von etwa 10^{32} Grad Kelvin (d.h. über dem absolutem Nullpunkt bei -273 Grad Celsius). In diesem Zustand, in dem selbst Protonen oder Neutronen noch nicht existierten konnten, waren die vier Grundkräfte in einer einzigen universellen Kraft vereint. Zwischen 10^{-35} und 10^{-33} Sekunden dehnte sich das Universum hyper-exponentiell („inflationär") um einen Faktor 10^{50} aus, maß nun etwa 10 Zentimeter im Durchmesser und war nahezu vollkommen symmetrisch und homogen. Zu diesem Zeitpunkt stand die Gravitation einer „Vereinigten Kraft" gegenüber, die durch sogenannte X-Teilchen (Urteilchen) getragen wurde. Bei 10^{-33} Sekunden löste sich die „Starke Kraft" von der „Elektroschwachen Kraft", die ersten echten Elementarteilchen (die Quarks, d.h. die Grundbausteine von Protonen und Neutronen) entstanden, das Universum hatte nun 300 Meter Durchmesser. Bei etwa 10^{-12} Sekunden teilte sich die elektroschwache Kraft in „Schwache Kraft" und Elektromagnetismus, die vier Grundkräfte waren entstanden. Zur besseren Vorstellbarkeit: Während der Dauer dieses gesamten dramatischen Prozesses der Entstehung und Differenzierung der Grundkräfte würde selbst das Licht mit immerhin 300.000 km/sec. Geschwindigkeit nur etwa 0,03 Millimeter zurücklegen. Schließlich entstanden ab 10^{-4} (eine zehntausendstel) bis 1 Sekunde auch die übrigen Elementarteilchen, so dass die materielle Grundausstattung des kosmischen Geschehens, so wie wir sie heute kennen, nunmehr vorhanden war.

3.3.4. Urkraft und Logos

Die genannte erste Zeitspanne von 10^{-43} Sekunden wird als Planck-Zeit bezeichnet: eine kürzere Zeitspanne ist nach den Regeln der Quantenphysik selbst mathematisch sinnlos. Noch viel sinnloser ist es aber, von den Zuständen VOR dem Urknall zu sprechen – dies hatte bereits Kirchenvater Augustinus vor 1000 Jahren erkannt. Selbst die mathematischen Versuchspfeile der theoretischen Physik versagen hier prinzipiell, die Physiker sprechen von der „Planck'schen Mauer", die sich hier auftut und eine unüberwindliche Schranke aufbaut. Allein, es gab und gibt entsprechende Versuche, über die Mauer zu schauen, die Antworten allerdings verlieren sich in metaphysischen Begriffen: „Quantennichts im unendlichen Energiemeer" meint etwa John Wheeler. Diese Tatsache hat viele zeitgenössische Philosophen und Theologen inspiriert, das Prinzip Gott hier an den absoluten Anfang zu setzen, und in der Tat, die Versuchung ist groß. Scheinbar unendliche Energie, unendliche Dichte und Temperatur (alle wohl sehr, sehr hoch, aber eben nicht unendlich hoch), eine einzige Grundkraft, die das Universum in seine Existenz ruft, das schreit geradezu nach einer Synthese mit dem johanneischen Logos.

Und doch lauert hier eine enorme Gefahr. Wir sind dabei, Gott an den Anfang des Universums zu setzen und Ihn dort einzuzementieren bzw. Ihn aus unserem Jetzt zu verbannen. Ein letztes Refugium, das letzte Asyl für Gott knapp am Rande der realen Existenz dieses Kosmos getreu dem Wort: „Es war einmal"? Diesem Ansatz widersprechen sowohl die physikalischen Fakten wie auch die biblischen Aussagen. Die vereinigte Urkraft geht ja nicht zugrunde, sie wird nicht abgelöst und damit überflüssig. Nein, entgegen der so anschaulichen Bibelaussage, die sich in zahlreichen Kirchenliedern erhalten hat, „stirbt" ein Samenkorn nicht, wenn es keimt, sondern entfaltet die Vielfalt seiner Zelltypen, es „differenziert" sich. Genau so entfaltet, differenziert sich die Urkraft in die vier Grundkräfte, und diese zeigen sich heute in einer ungeheuren Vielfalt an Erscheinungen. Wenn wir tatsächlich annehmen, dass Gott dieser Urkraft am Anfang des Universums entspricht, dann muss Er zwangsläufig auch in den heutigen Naturkräften präsent sein. Und wir erinnern uns an die gemeinsamen und übereinstimmenden Grundthesen der alttestamentarischen Schöpfungsaussagen und an die johanneische Theologie des Logos.

Aber noch eine zweite, viel größere Gefahr droht der *ad hoc* Idee, „Gott (nur) als Uranfang" zu interpretieren. Die bereits oben angesprochene „Superstring-Theorie" und darauf aufbauende Theorien haben einen zweiten, noch viel dramatischeren Aspekt. Die Idee dahinter ist, dass sich in dieser allerersten Planck-Zeit der gesamte Kosmos wie ein einziger Quant, ein einziges Elementarteilchen verhielt. Einzelquanten verhalten sich aber, wie wir schon wissen, indeterministisch, sie sind grundsätzlich nicht vorhersagbar, und dies betrifft sogar ihre eigene Existenz. Mit anderen Worten, ein Einzelquant kann – muss aber nicht! – aus dem Nichts entstehen, genauso ohne konkrete Ursache (aber mit einer gewissen Wahrscheinlichkeit), wie ein Uranatom zu einem bestimmten Zeitpunkt zerfällt. Wie die Physiker es ausdrücken, war das Ur-Universum zur Planck-Zeit mit seiner vereinten Grundkraft „in sich konsistent", das heißt auf gut Deutsch, dass es sich (unter der gegebenen Annahme eines Kosmos als Mega-Einzelquant) auf rein naturgesetzlicher Basis selbst aus dem Nichts erheben konnte. Die heutigen mathematischen Modelle lassen diese Eigenschaft des Kosmos in seinem Anfang zwar noch nicht mit Sicherheit ableiten. Die "quantenphysikalische Geburt" des gesamten Kosmos ist aber durchaus möglich und erscheint zunehmend wahrscheinlich.

Dennoch: wer sich Gott nur als Anstoß dieses Universum denken kann, der läuft Gefahr, dass ein solcher Gott im Laufe des zu erwartenden Fortschritts der theoretischen Physik auch aus dieser letzten Wohnung vertrieben wird. Nein, es bleibt keine Wahl: wenn es einen gegenwärtigen Gott (Jahwe heißt: ich bin da!) gibt, dann ist Er permanent präsent in seiner Schöpfung – was nicht heißt, dass Er nicht auch zugleich darüber stehen kann.

Dieser andauernde Prozess, die Differenzierung der Urkraft im Werden des Universums, zunächst in die vier Grundkräfte, dann in Elemente, Moleküle etc., gleicht dem Wachstum eines Baumes aus seinem Samen. Und wenn wir diese Urkraft mit jener der Bibel, dem johanneischen „Logos", mit Gott gleichsetzen, dann lassen sich die Ergebnisse der Kosmologie und die Annahme eines Schöpfergottes tatsächlich synthetisch vereinen. Diesen „Logos" – Gott als Uranfang und Basisgesamtheit der Naturkräfte zu akzeptieren heißt aber auch, dass es nichts mehr ausmacht, wenn zukünftige

Fortschritte der Kosmologie auch die „Schöpfung aus dem Nichts“ (creatio ex nihilo) mit einer naturwissenschaftlichen Theorie erklären können. Die (dezidiert auch biblische!) synthetische Gleichsetzung der Urkraft (des Logos) mit Gott überwindet den alten Gegensatz zwischen Naturgesetzlichkeit und göttlicher Schöpfung.

3.3.5. Das Anthropische Prinzip

Die moderne Quantenphysik hat noch einen weiteren, höchst bedenkenswerten Umstand ans Licht gebracht: Die großen Naturkonstanten, also z.B. die Lichtgeschwindigkeit, die Gravitationskonstante, die kleinsten (Planck´schen) Einheiten von Zeit und Energie, die Ruhemasse eines Elektrons und vieles mehr müssen ungeheuer genau aufeinander abgestimmt sein, damit sich ein Kosmos überhaupt entwickeln kann. Schon winzigste Abweichungen machen einen Kosmos, so wie wir ihn kennen, völlig unmöglich. Und nicht wenige sehen in dieser präzisen „Abstimmung“ einen Beleg für einen „dahinter und/oder darüber stehenden planenden Geist“.

Auch hier laufen wir zunächst wieder in die schon beschworene Gefahr, Gott als Lückenbüßer zu missbrauchen. Und tatsächlich gibt es gleich zwei aktuelle Erklärungen für diese Feinabstimmung der Naturkonstanten, dieses „Anthropische Prinzip“: die eine nennt sich „Multiversums-Hypothese“ und postuliert eine gigantische Zahl von „Kleinstuniversen“. Nur jene davon – und vielleicht auch nur ein einziges, nämlich unseres – hat zufällig die richtige Feinabstimmung und damit die Chance sich vom

Megaquant aus weiter zu entwickeln. Allerdings ist die „Multiversums-Hypothese“ vermutlich niemals zu beweisen oder zu widerlegen – es gibt keinerlei Wirkung zwischen solchen Universen. Eine solche Annahme sprengt daher meines Erachtens den Rahmen naturwissenschaftlicher Methodik, wie auch schon andere Autoren festgestellt haben.

Die zweite Erklärungsvariante geht davon aus, dass sich der Zerfall der Vereinigten Urkraft (ganz analog zum oben geschilderten Uranzerfall) nur auf ganz bestimmte Art und Weise vollziehen konnte, die „Abstimmung“ der Naturkonstanten daher kein Zufall, sondern Notwendigkeit ist. Ich persönlich ziehe als Naturwissenschaftler diese zweite Variante ganz eindeutig vor, da sie als Hypothese eines geordneten Urkraftzerfalls grundsätzlich beweisbar (oder widerlegbar) ist, wenngleich die derzeitigen technischen Möglichkeiten dies (noch) nicht zulassen.

3.4. DIALEKTIK UND ANDERE SPRÜNGE (EMERGENZ)

Wie kann etwas völlig Neues, eine so genannte Emergenz „von selbst“ entstehen, wie können auf der Basis von zufälliger und ungerichteter Mutation und kurzsichtiger Selektion prinzipiell neue Eigenschaften auftreten? Zweifellos ist dies eine der wichtigsten Fragen, die sich Kosmologen und Evolutionsbiologen stellen müssen. Und wiederum finden wir uns zunächst versucht, Gott als Lückenbüßer für scheinbar unerklärliche Phänomene einzusetzen, Ihn wiederum als Gegenspieler und nicht als Integration der Naturgesetze anzusehen.

Auch hier gilt natürlich, dass „von selbst“ gar nichts passiert. Die richtige Frage muss wiederum heißen, ob die Entstehung von prinzipiell Neuem, das Auftreten von Emergenz auf naturgesetzlicher Basis möglich ist, und wenn ja, wie wahrscheinlich ein solcher Vorfall denn ist. Anhand mehrerer Beispiele soll im Folgenden gezeigt werden, dass zur Erklärung von Emergenz – einige sagen „dialektischer Sprung“ dazu – keinerlei Zusatzannahme notwendig ist, mehr noch, dass sich solche dialektischen Sprünge sogar ununterbrochen und überall ereignen. Die Konsequenzen dieser Beispiele und ihres Erklärungsmodells sollen uns wiederum einen synthetischen Schritt weiterbringen.

3.4.1. Chemische Reaktionen

Zunächst ein Schritt in die eigene Schulzeit. Die ersten Chemiestunden werden auch noch heutzutage häufig mit der berühmten Knallgasexplosion „aufgebessert“, um den Schülern die Sache schmackhafter zu machen. Sehen wir uns genauer an, was dabei passiert: Man mischt zwei Gase, Wasserstoff und Sauerstoff (bitte nur geringe Mengen!). Danach „erhöht man punktuell die Umgebungstemperatur“, auf „deutsch“, man hält ein Streichholz dran – PENG! – und alle freuen sich, wenn es ordentlich gekracht hat. Was ist passiert? In einer chemischen, stark exothermen (d.h. explosionsartigen) Reaktion verbinden sich zwei Moleküle Wasserstoff (2x H_2) und ein Molekül Sauerstoff (O_2) zu zwei Molekülen Wasser (2x H_2O), letzteres erscheint infolge der Wärmeentwicklung als Dampf. Nun hat Wasser aber eine ganze Reihe von Eigenschaften, die in den Ausgangsstoffen Wasserstoff und Sauerstoff auch in Ansätzen nicht vorhanden sind. Man denke nur an die bekannte Dichteanomalie des Wassers, jenes Faktum, dass Wasser bei vier und nicht bei null Grad Celsius am schwersten ist. Auch Lösungsmitteleigenschaften, sechsstrahlige Kristallbildung beim Gefrieren und Siedeverhalten in Abhängigkeit von Druck und Temperatur gehören zu diesen Eigenschaften, mit denen Chemiker wie Physiker ganze Bücher füllen. Woher kommen diese neuen Eigenschaften? Sind sie von irgendeiner geheimnisvollen Kraft ins System „Knallgas" hinein gezaubert worden? Mitnichten: Wir haben schlicht die Naturgesetze unterschätzt – diese sind ganz offensichtlich und ohne zusätzliche akute göttliche Hilfe tatsächlich fähig, prinzipiell Neues entstehen zu lassen.

Was für die Knallgasreaktion gilt, lässt sich natürlich auf jede synthetische chemische Reaktion anwenden, bei jeder einzelnen Reaktion entstehen Stoffe mit grundsätzlich neuen Eigenschaften, die in den jeweiligen Ausgangsstoffen auch nicht ansatzweise enthalten waren. Nun sind chemische Reaktionen keineswegs außerordentlich seltene Ereignisse, im Gegenteil, sie geschehen permanent, neben uns und auch in uns. Da es immer und überall chemische Reaktionen gibt, heißt dies logischerweise, dass immer und überall Schöpferisches passiert – die Schöpfung ist in der Tat noch nicht zu Ende.

3.4.2. Sonnengeburt

Ein zweites Beispiel führt uns hinaus in den Weltraum, tausend, vielleicht abertausend Lichtjahre von unserem Sonnensystem entfernt. Eine sogenannte Dunkelwolke, fein verteilte lichtabsorbierende, d.h. „lichtschluckende", nicht reflektierende, daher schwarz erscheinende Materie (daher der Name), beginnt sich aufgrund ihrer eigenen Schwerkraft zusammenzuziehen. Dabei geschieht zweierlei: Wie bei einer Pirouette im Eiskunstlauf wird mit zunehmend kleinerem Durchmesser der Wolke die Drehgeschwindigkeit immer größer. Gleichzeitig kommt es aufgrund der erhöhten Dichte, d.h. Anzahl der Teilchen pro Raumeinheit, zu einer Temperaturerhöhung und immer häufiger zu unkontrollierten Zusammenstößen, die zusätzlich Reibungswärme verursachen. Insgesamt steigen Dichte und Temperatur kontinuierlich an. Lange Zeit ändert sich nichts an diesem Szenario. Doch plötzlich, bei einer enorm hohen Dichte, wenn im Zentrum der Wolke die Schwerkraft die Atome bereits merkbar (ca. 25 %) zusammendrückt, und bei einer Temperatur von mehreren Millionen Grad passiert etwas Dramatisches: eine Kernfusion setzt ein, Wasserstoff verbindet sich unter enormer Energieabgabe zu Helium, ein Stern, eine neue Sonne wird geboren. Und wiederum hat dieser Stern viele Eigenschaften, welche in der Dunkelwolke davor auch nicht einmal in Spuren vorhanden waren. In der Tat ähnelt eine Sonne in einigen Faktoren bereits einem Lebewesen. Wie gerade geschildert wurde, wird eine Sonne geboren und kann mit einer finalen Explosion (z.B. eine Nova) sterben. Sie verbraucht Materie bzw. Energie, die Astrophysiker sprechen sogar von einem Sonnenstoffwechsel, wobei die schweren Elemente (bis zum Eisen) durch Atomfusion synthetisiert werden können. Jeder Stern ist ein Individuum, dessen spezifische Eigenschaften und Schicksal vor allem von seiner Ausgangsmasse abhängen – hier hat einmal mehr die kosmische Indetermination ihre Hand im Spiel.

Im Gegensatz zum vorigen Beispiel ist hier überhaupt kein Außeneinfluss, kein Streichholz notwendig – es sind die naturgesetzlichen Systemeigenschaften selbst, die schöpferisch etwas völlig Neues schaffen. Denn im neuen Stern selbst geht die Schöpfung neuer Systemeigenschaften permanent weiter. Durch die extrem hohen Werte von Dichte und Temperatur wird eine ganze Reihe von Elementen durch Kernfusion synthetisiert. Auch unsere eigene Sonne ist eine permanente schöpferische Fabrik, und wenn sie stirbt, wird das dann entstandene System wiederum gänzlich neue Eigenschaften aufweisen, die derzeit nicht vorhanden sind.

3.4.3. Symbiose als Sprungfeder

Auch in der Analyse der biologischen Evolution finden sich Beispiele für die These der schöpferischen Naturgesetze. Als erstes Beispiel mögen uns nah verwandte Arten des allseits bekannten Pantoffeltierchens, *Paramecium,* dienen. Wie wir wissen, kommt es bei diesen und vielen anderen einzelligen Lebewesen gar nicht so selten vor, dass verschlungene Beutepartikel – häufig ein kleinerer Einzeller oder ein Bakterium – nicht sofort verdaut werden, sondern kürzere oder längere Zeit in der Räuber-Wirtszelle verbleiben. Das geschieht vor allem dann, wenn der Stoffwechseltyp des Parasiten bzw. Symbionten (etwa Chemo- oder Photosynthese, d.h. die Nutzung von chemischer oder Lichtenergie zum Aufbau von Zellmolekülen) für den Wirt den Vorteil bringt, auch ungünstigere Situationen (etwa Nahrungsmangel) besser zu überdauern. Auch unter heute lebenden Einzellern finden wir alle Übergänge solcher fakultativer (d.h. nicht zwingend notwendiger) Symbiosen. Wie die jüngsten Forschungsergebnisse erbracht haben, kommt es in weiterer Folge zur obligaten, d.h. stetigen Symbiose, die in einem so genannten Gentransfer resultiert, d.h. das Erbmaterial des Symbionten wandert sukzessive in den Kern des Wirtes, der Symbiont verliert daher endgültig seine Unabhängigkeit.

Solche Endosymbiosen zeigen nun ganz analog zu den oben genannten Beispielen *ad hoc* völlig neue Eigenschaften, die in den einzelnen Basisorganismen nicht einmal in Ansätzen vorhanden sind. Es gilt heute als sicher, dass der größte evolutionäre Sprung innerhalb der belebten Natur, jener zwischen Bakterien und kernhaltigen Zellen (sogenannte Eukaryonten), durch mehrere solche endosymbiotische Ereignisse erklärt werden kann. Die „Kraftwerke" der Zellen, die Mitochondrien, sind einstige sauerstoffatmende Bakterien, die Chloroplasten der Pflanzenzelle gehen auf photosynthetische Cyanobakterien („Blaualgen") zurück. Alle höheren Lebewesen, die Pilze, Pflanzen, Tiere und auch wir selbst, sind daher auf zellulärem Niveau solche Hypersymbiosesysteme.

3.4.4. Genetische Symbiose schafft Innovation

Die Frage, wie es evolutiv, d.h. wiederum auf strikt naturgesetzlicher Basis, zu Innovationen in der Evolution kommen kann, hat die Evolutionsbiologen schon lange beschäftigt. Umgekehrt haben Kreationisten immer wieder die angebliche „irreduzible Komplexität" von Strukturen betont, um die Zufallsevolution zu widerlegen. Die moderne Forschung bezüglich der Evolution von Entwicklungsprozessen („Evo-devo“ nennen es die Biologen) hat in den letzten Jahren substanzielle Fortschritte in dieser Frage aufzuweisen.

Während nämlich auf struktureller (phänotypischer) Seite Teilsysteme tatsächlich häufig nicht lebensfähig erscheinen, ist dies auf der genetischen Ebene völlig anders. Hier haben Einzelgene bzw. Genkaskaden teilweise viel ältere und ganz andere Funktionen als in der zu untersuchenden Struktur. Ein besonders gut untersuchtes Beispiel ist die Genetik der Bakteriengeißel, noch vor Kurzem ein Paradebeispiel an „irreduzibler Komplexität“. An der unbestritten hoch komplexen Struktur sind mehr als 50 Gene beteiligt, die sind aber zumindest mehrheitlich auf alte, modifizierte Gene mit anderen Funktionen zurückführen lassen. Ähnlich wie bei den genannten physikalischen, chemischen und biologischen Beispielen bedingt auch hier der Zusammenschluss von Elementen eine wahrhaft innovative Einheit.

3.4.5. Wir selbst

Ein letztes Beispiel, nunmehr ganz nahe an unserer eigenen Existenz. Ein Kind wird geboren, und nach übereinstimmender Meinung aller Säuglings- und Kinderpsychologen besitzt es bei der Geburt noch nicht jene Eigenschaft, die wir „Selbstbewusstsein“ nennen. Wer dies nicht glaubt, möge an einen menschlichen Embryo im Alter von zwei Wochen nach der Zeugung oder gar nur von zwei Stunden denken, unser Beispiel wird davon nicht beeinflusst. Ein 18-monatiges Kleinkind hingegen besitzt die genannte

Eigenschaft „Selbstbewusstsein“ bereits ohne Zweifel, und es ist eine typisch menschliche Reaktion, wenn sich dieses neu entstandene Selbstbewusstsein im Kurzsatz „Will nicht“, „Nein“ oder „Doch“ manifestiert, wie ich dies bei meinen drei eigenen Sprösslingen und nunmehr meiner Enkelin mit Faszination (und gelegentlichem Ärger) feststellen konnte. Nicht umsonst sprechen Eltern und Psychologen vom „Trotzalter“. Diese Eigenschaft hängt nach heutigem Stand der Wissenschaft eindeutig mit der zwischenzeitlich erfolgten und weiter zunehmenden Verschaltung und Vernetzung unserer Nervenzellen im Gehirn zusammen, obwohl die Details nach wie vor im Dunkeln liegen. Sicher ist aber in jedem Fall, dass dieses Auftreten des Selbstbewusstseins nichts mit irgendeiner verborgenen Geisteskraft zu tun hat, sondern eine Systemeigenschaft des Gehirns darstellt.

Um hier nicht missverstanden zu werden: Ich halte unser „Ich“ keineswegs nur für eine einfache Funktion unseres Gehirns (siehe auch unten), obwohl es keinen Zweifel daran gibt, dass „Ich“ vom strukturellen und physiologischen Zustand meines Gehirn abhänge. Wer dies nicht glaubt, möge sein Gehirn mit einer kleinen (!) Menge Alkohol vergiften und zusehen, wie das „Ich“ davon zunehmend beeinflusst wird. Umgekehrt wird aber auch unser Körper massiv vom Geisteszustand beeinflusst, man denke an Angstschweiß, Magengrimmen, oder aber das psychische Wohlbefinden nach einer guten Mahlzeit. Es gibt also eine Wechselwirkung von Körper und „ich“, die aber – und darum geht es hier – eben nicht schon immer da war, sondern sich spontan, eben schöpferisch entwickelt.

3.4.6. Schöpferische Naturgesetze

Die genannten Beispiele zeigen uns zunächst, dass das spontane Auftreten prinzipiell neuer Systemeigenschaften, der „dialektischen Sprünge“ bzw. „Emergenzen“, nichts Außergewöhnliches ist, sondern zu allen Zeiten, auch hier und jetzt permanent stattfindet. Stets handelt es sich um den Zusammenschluss von Einzelteilen, seien es Atome, Moleküle, Bakterien oder Nervenzellen. In jedem Fall führt eine graduelle, allmähliche Veränderung des Gesamtsystems zu einer plötzlichen und prinzipiellen Qualitätsänderung, die auch nicht in Ansätzen vorgegeben und angelegt war.

Die genannten Beispiele betreffen aber ganz wesentliche Gruppen der bekannten Naturgesetze: atomare und chemische Reaktion, Fressen und Gefressen werden, Wachstum und Werden, auch uns selbst. Es sei ein Resumé gewagt: Naturgesetze können schöpferisch sein.

Diese Einsicht eröffnet uns einen weiteren Schritt unserer Synthese. Wenn es Naturgesetze gibt, die schöpferisch sind – und deren gibt es in der Tat viele –, dann ist der eingangs formulierte scheinbare Gegensatz von „Naturgesetz ODER Schöpfung“ nicht nur sinnlos, sondern die genaue Verkehrung der tatsächlichen Umstände. Die Schöpfung bedient sich der Naturgesetze, die „Strategie der Genesis“ hat naturgesetzlichen Charakter, Naturgesetze sind schöpferisch.

3.4.7. Wunder

Die bisherigen Erkenntnisse lassen auch das Phänomen „Wunder“ in einem neuen Licht erscheinen. Noch immer ist die heute gängige Definition von „Wunder“ gleich „naturgesetzlich nicht erklärbar“. Ich meine, dass diese Definition unter der Annahme schöpferischer Naturgesetze keine Existenzberechtigung mehr hat. Ein Regenbogen bleibt im strikten Wortsinn wunderbar, auch wenn wir heute wissen, dass dieses herrliche Schauspiel seine Ursache in der prismenartigen Zerlegung des Sonnenlichts durch kleine Wassertropfen hat. Die Geburt und das geistige Erwachen eines Menschen (s.o.) wird immer ein Wunder bleiben, auch wenn wir eines Tages die entsprechenden neurologischen Grundlagen verstehen gelernt haben. Im Gegenteil: die Kenntnis der zugrunde liegenden, nicht selten verblüffend einfachen Naturgesetze vermag die Bewunderung des resultierenden Phänomens sogar zu steigern.

Selbst die Wunder Jesu lassen sich unter diesem Aspekt zumindest teilweise erklären, sofern sie von der historisch-kritischen Exegese nicht ohnehin als reine Legende entlarvt wurden. Es ist tatsächlich „wunderbar“ – aber eben nicht unnatürlich, wenn kraft des in Jesus gesetzten Vertrauens (Jesus sagt auch ganz korrekt: „dein Glaube hat dir geholfen“) beispielsweise Dämonen (d.h. Psychosen) ausgetrieben und psychosomatische Krankheiten geheilt werden. Und es bleibt für mich die Frage, was denn „wunderbarer“ ist, ein bisschen Hokuspokus vom „eingeborenen Sohn Gottes“, um ein paar Brote und Fische zu vermehren, oder mehr als 5000 Männer dazu zu bringen, freiwillig miteinander das mitgebrachte Picknick zu teilen – in der Bibel (Joh 6, 1-15) steht zumindest kein Wort von Zauberei.

3.5. MECHANISMEN DER MIKROEVOLUTION

3.5.1. Historischer Rückblick

Keine andere naturwissenschaftliche Theorie wurde so oft tot gesagt und hat doch alle Anstürme der Kritiker so glänzend und integrativ in sich aufgenommen wie die Darwinische Evolutionstheorie. Wobei unter „Darwinismus" ursprünglich nur die These verstanden wurde, dass es Evolution auf der Basis von „modifizierter Abstammung und natürlicher Selektion" gibt, und keine unveränderliche, fertige, da gottgeschaffene Natur, wie man aus dem biblischen Schöpfungsbericht abzuleiten glaubte. Historisch ist es nicht zu leugnen, dass die christlichen Kirchen die Annahme der Evolution mit Vehemenz bekämpft haben, in vielen Fällen tun sie dies noch heute, wenngleich die Papsterklärung hier einiges an Boden gut gemacht hat. Und es ist mehr als bedauerlich, wenn 2009 in der Türkei eine Redakteurin eines staatlichen Wissenschaftsmagazins entlassen wird, die es gewagt hatte, im Darwinjahr einen Artikel über den Jubilar zu veröffentlichen. Genau diese historische Altlast macht aber nach wie vor ein unverkrampftes Analysieren der Grundannahmen dieser Evolutionstheorie und synthetische Ansätze so schwierig.

Unter den Biologen gibt es kein ernstzunehmendes Argument gegen die Grundannahme der Evolution. Wesentliche Differenzen werden jedoch sichtbar, sobald es um die Mechanismen dieser Evolution geht. Auch dabei ist festzuhalten, dass die von Darwin dargelegten Mechanismen, Mutation und Selektion, nicht bezweifelt werden. Die entscheidende Frage war und ist stets: Reichen die bekannten Mechanismen aus, um die Vielfalt, die zunehmende Komplexität der Organismen und die sogenannte Orthogenese, d.h. die erkennbare Zielrichtung der Evolution sowie die Komplexität der lebenden Materie, der Organismen zu erklären?

3.5.2. Mutationen

Um diese Frage zu klären, ist es zunächst notwendig, dass wir uns mit den unbestrittenen Mechanismen der Evolution befassen. Diese gelten selbst nach Ansicht vieler Kreationisten zumindest im Bereich der „Mikroevolution", d.h. im Bereich von Populationen und Arten, und lassen sich auch experimentell erfassen.

Schon Darwin hat den Begriff der Mutation geprägt, d.h. die sprunghafte Änderung des Erbgutes, wenngleich er von Genen oder gar deren biochemischen bzw. molekularbiologischen Grundlagen keine Ahnung hatte. Auch heute ist dieser Mechanismus die entscheidende Grundvoraussetzung, ja der Motor der Evolution. Wie bereits oben ausgeführt, bedingt die molekulare Organisation des Erbmaterials, dass der mikrokosmische Zufall bzw. die quantenphysikalische Indetermination hier in die makroskopische Ebene durchschlägt.

Wie bereits geschildert, können spontane genetische Veränderungen auch auf höherer Ebene auftreten, etwa im Bereich der Chromosomen. Während der Meiose (Reduktions- oder Reifeteilung), welche die Keimzellen hervorbringt, treten Brüche der Chromosomen auf, die von den Reparaturenzymen häufig „über's Kreuz" zusammengeschweißt werden. Dieses „crossing over" ist ebenfalls eine wichtige Quelle genetischer und phänetischer (d.h. sichtbar gewordener) Veränderung, da die relative Position der Gene eine wesentliche Rolle bei ihrer Exprimierung, d.h. ihrer Umsetzung in Genprodukte wie Eiweißmoleküle, Strukturen, oder andere Eigenschaften spielt. Auch kann die Zahl der Chromosomen vermindert oder vermehrt werden. Allerdings enden diese beiden Möglichkeiten zumindest für höhere Lebewesen häufig fatal, wie uns das Beispiel der „Trisomie 21" (ein Chromosom 21 zu viel) lehrt, welches sich bekanntlich beim Menschen im „Down-Syndrom" bzw. Mongolismus äußert.

Noch viel interessanter und vor allem bei Blütenpflanzen häufig ist die Verdoppelung des gesamten Erbmaterials (Genoms), wodurch Hybriden (Kreuzungen) auch zwischen entfernter verwandten Organismen möglich werden. Insgesamt besteht kein Zweifel, dass die verschiedenen Mechanismen der Mutation das Rohmaterial der Evolution bedingen. Dadurch bleibt auch der Freiheitscharakter der Evolution ständig erhalten, wenngleich er sich allerdings permanent verlagert, wie noch zu zeigen sein wird.

3.5.3. Rekombination und Sexualität

Auch der zweite grundlegende Mechanismus ist im Prinzip seit langem gut bekannt, wenn auch seine Entstehung und Bedeutung erst in jüngster Zeit neu überdacht wurden. Es geht um die sogenannte „Rekombination", also jenen Mechanismus, der dafür sorgt, dass Kinder ihren Eltern nicht exakt gleichen, sondern ihnen ähnlich sehen. Grundlage dafür ist die sexuelle Vermehrung. Im Gegensatz zur

Mutation war die Rekombination, die Durchmischung des Erbgutes durch sexuelle Fortpflanzung, genauer gesagt während der Reifeteilung (Meiose) der Keimzellen, nicht im ursprünglichen Repertoire des Lebens vorhanden. Primitive Lebensformen wie etwa Bakterien wenden diesen Mechanismus nur sehr selten und selbst dann nur teilweise an, der Fachmann spricht von parasexuellen Vorgängen, wobei Erbinformation (z.B. Antibiotika-Resistenz) direkt von Individuum zu Individuum und häufig sogar über Artgrenzen hinweg über Plasmabrücken „vererbt" werden.

Erst auf der Organisationsebene der kernhaltigen Lebewesen (Eukaryota) kann man von sexueller Fortpflanzung und damit von Rekombination im eigentlichen Sinn sprechen. Eigenartigerweise hat Sexualität auf diesem Niveau zunächst noch nichts mit Vermehrung im strikten Sinn zu tun, letztere wird durch „asexuelle" Vorgänge wie simple Zweiteilung oder Sprossung wesentlich effizienter bewerkstelligt. Auch ursprüngliche, vielzellige Tiere sowie die meisten Pilze und Pflanzen vermehren sich hauptsächlich über solche asexuellen Vorgänge, man denke an Knospung, Brutknollen, Ausläufer oder Stecklinge.

Welche Funktion hat dann dieser so komplizierte Vorgang der sexuellen Fortpflanzung mit Keimzellenentwicklung, Befruchtung und Ontogenese? Die Antwort heißt „Rekombination" und war mit hoher Wahrscheinlichkeit die notwendige Reaktion der Eukaryoten auf die hohe Vermehrungsrate und mutationsbedingte Veränderlichkeit der Bakterien. Aufgrund ihrer vielfachen Größe (100 bis 1000faches Volumen) können sich kernhaltige Zellen nicht so rasch vermehren wie Bakterien oder Viren, müssen aber den immer neu auftretenden genetischen Angriffs-Varianten vergleichbare genetische Verteidigungsvarianten entgegensetzen. Das Durchmischen der elterlichen Erbsätze in jeder neuen Generation bedingt die genetische Einzigartigkeit jedes höheren Lebewesens, das einer sexuellen Fortpflanzung entspringt.

Die enorme Bedeutung der gesteigerten Rekombinationsfähigkeit der Eukaryoten wird sofort ersichtlich, wenn wir uns die Zeitskala der Evolution vor Augen halten. Zwei Drittel der Zeit seit der mutmaßlichen Entstehung des Lebens auf der Erde vor etwa 3,8 Milliarden Jahren gab es ausschließlich bakterienartige Lebewesen. Eukaryoten sind „erst" in etwa 1,2 Milliarden Jahre alten Gesteinen nachweisbar, haben aber in dieser vergleichsweise kurzen Zeitspanne alle übrigen großteils hoch komplexen Lebensformen hervorgebracht.

Ein bekanntes Beispiel für die Bedeutung der Rekombination auch beim Menschen sind die südamerikanischen Indianervölker, die während ihrer Einwanderungsphase über die mittelamerikanische Landbrücke Panamas auf sehr wenige Individuen reduziert wurden. Alle Nachfahren dieser Einwanderer, die heute lebenden Eingeborenen Südamerikas sind sich also genetisch sehr ähnlich. Die negative Folgeerscheinung ist unter anderem eine extreme Anfälligkeit für eingeschleppte Infektionskrankheiten wie etwa Schnupfen oder Masern, die schon ganze Stämme dahin gerafft haben, während selbst die gefährlichsten Epidemien wie Pest, Cholera oder Spanische Grippe in Europa mit hoher genetischer Variabilität von der Mehrzahl der Bevölkerung überlebt wurden.

Rekombinationen vervielfältigen also die durch Mutation hervorgebrachten genetischen Varianten durch ständiges Neukombinieren, Durchmischen. Wie bei den Typen der Mutationen sind auch die Einzelergebnisse der Rekombination prinzipiell nicht vorhersehbar, wiederum stehen wir vor einem Beispiel des quantenphysikalischen Zufalls. Wie bei der radioaktiven Halbwertzeit lassen sich allerdings sehr präzise Vorhersagen bezüglich der statistischen Verteilung machen. Dies hat schon Gregor Mendel erkannt, als er seine berühmten Kreuzungsregeln formulierte.

3.5.4. Selektion

Schon Darwin fiel auf, dass Organismen wesentlich mehr Nachkommen produzieren, als später zur Fortpflanzung gelangen. Gerade in den letzten Jahrzehnten ist aber klar geworden, dass es dabei nicht wie meist angegeben um Arterhaltung geht, sondern um Anzahl und Qualität individueller Nachkommen. Die Entscheidung, welche Einzelindividuen wie viele Nachkommen haben, hat allerdings viele Facetten, und setzt auch die Evolutionsbiologen immer wieder in Erstaunen.

Zunächst sind drei Ebenen von Selektion zu unterscheiden. *Umweltselektion* sorgt dafür, dass bei restriktiven Bedingungen wie etwa Kälte, Hitze, Wasser- oder Nahrungsmangel nur die Stärksten überleben bzw. die schwächsten Individuen sterben. Viel entscheidender ist allerdings die *sexuelle Selektion*, also die Partnerwahl. Aufgrund der viel größeren Keimzellen (Eier) haben Weibchen prinzipiell weniger Nachkommen als Männchen, müssen daher in Bezug auf ihren Sexualpartner, den Vater ihrer zukünftigen Nachkommen, wesentlich wählerischer sein. Daher wird bei allen höheren Lebewesen die Partnerwahl von Weibchen ausgeführt, auch wenn die Männchen meist wesentlich aktiver agieren. Dieser sexuelle Selektionsdruck ist so stark, dass die Männchen selbst offensichtliche Nachteile in Bezug auf Umweltselektion in Kauf nehmen, um den Weibchen zu gefallen, man denke etwa an auffälliges Gefieder bei Vögeln, beispielsweise beim Pfau, der nur mehr mit großer Anstrengung fliegen kann oder an einen Rothirsch, der sein schweres Geweih jedes Jahr neu bilden und anschließend mehrere Monate auf dem Kopf tragen muss. Schließlich sorgt die *Innere Selektion* dafür, dass der Organismus trotz gelegentlicher Änderung seiner Genausstattung auf allen Ebenen, Zellen, Geweben und Organe, funktioniert. Die Auswirkungen auf die wechselseitige Genverschaltung werden uns noch zu beschäftigen haben.

Zu betonen ist auch, dass der Begriff des Selektions-„Druckes“ eigentlich falsch ist, es ist präziser und richtiger, von Selektions-„Sieb“ zu sprechen. Selektion ist letztlich ein passiver Vorgang, auch wenn viele Organismen große aktive Anstrengungen auf sich nehmen, um dieses Sieb zu passieren. Wesentlich ist auch, dass Selektion immer extrem kurzsichtig ist, nur die nächste Generation ist entscheidend.

3.5.5. Isolation

Der Mechanismus der Isolation ist erst vor relativ kurzer Zeit als eigenständiger Mechanismus erkannt worden, eines der wesentlichsten Ergebnisse der Populationsbiologie und -genetik. In einem gewissen Sinn integriert die Isolation alle bisher genannten Mechanismen. Wenn eine Population durch einen evolutionären Flaschenhals gegangen ist, also zu einem bestimmten Zeitpunkt nur sehr wenig Individuen umfasste, ist die Gesamtheit aller Genomvarianten in dieser Population, der sogenannte „Gen-Pool“ extrem klein. Unter solchen Umständen finden genetische Veränderungen der Population wesentlich rascher statt als im Fall von großen „Gen-Pools“. Allerdings ist die überlebende Population sehr schlecht gegen negative Umwelteinflüsse „abgepuffert“ (siehe oben unter Rekombination).

Ein bekanntes Beispiel sind die Buntbarsche der ostafrikanischen Grabenseen, wo sich innerhalb kürzester Zeit aus einem eingewanderten Flussbewohner mehrere hundert Arten mit hochspezifischer Anpassung entwickelt haben. Auch viele spezielle Inselformen fallen in diese Kategorie.

Auch dieser Mechanismus ist ausgesprochen passiv, der Population passiert etwas, das von ihr selbst nicht im Geringsten gesteuert werden kann. Wie Mutation und Rekombination ist auch die Isolation nicht zielgerichtet.

3.5.6. Notwendig oder hinreichend?

Wie bereits erwähnt, gibt es keinen Zweifel, dass die bisher genannten Mechanismen grundlegend und für die Erklärung der Evolutionsphänomene absolut unverzichtbar sind. Entscheidend für die Gesamtbeurteilung ist dabei

Folgendes: Mutation und Rekombination sind Mechanismen, durch die der mikrokosmische Zufall, die Freiheit des Einzelvorganges, in makroskopische Dimensionen katapultiert wird. Es besteht daher Einigkeit darüber, dass ein Zurückdrehen der Zeit und ein neues Beginnen sagen wir auf der Ebene der Vielzeller (etwa 800 Millionen Jahre) völlig andere Lebensformen hervorbringen würde (siehe oben).

Auch die Selektion ist ein häufig zufälliger Vorgang. Wie sollte etwa ein überwinterndes Insekt, etwa eine Schmetterlingspuppe, wissen, ob es im angehenden Frühjahr Spätfroste geben wird, die tödlich sein können, und daher den Schlupfzeitpunkt verschieben? Die Isolation kombiniert die angesprochenen Mechanismen und fällt damit ebenfalls in die Zufallskategorie.

Ist daher alles zufällig, ohne Sinn und Zweck? Mitnichten. Der Zufallscharakter der mikro-evolutionären Mechanismen, der dieser Evolution immer neue Freiheitsgrade beschert, ist nur die eine Seite der Medaille. Wie wir bereits bei der prinzipiellen Erörterung des mikrokosmischen Zufalls festgestellt haben, ist jedes Zufallsereignis in Rahmenbedingungen des jeweiligen Systems eingebettet. Damit wird auch in Bezug auf die Evolutionsmechanismen eines klar: So notwendig der Zufallscharakter zur Erhaltung der Freiheitsgrade ist, so wenig ist der Zufall als Gesamterklärung der Evolution zu akzeptieren. Wir haben nach den Systembedingungen der Evolution zu suchen.

3.6. SYSTEMBEDINGUNGEN DER EVOLUTION

3.6.1. Rauf und runter

Es ist zweifellos DAS Kernproblem der Evolutionstheorie: Wie ist diese in den Organismen aller Bereiche (Bakterien, Einzeller, Pflanzen, Pilze, Tiere) so offensichtliche Ordnung und Komplexität auf der Basis mikrophysikalischen Zufalls entstanden? Im Folgenden wollen wir uns der Lösung dieser Frage Schritt für Schritt annähern.

Zunächst einmal gilt es festzuhalten, dass die Zunahme von Komplexität keine universelle Erscheinung der Evolution ist. Viele Tiergruppen haben sich seit Äonen nicht verändert, in Extremfällen wird sogar von „lebenden Fossilien" gesprochen, die entsprechenden Fossilfunden aus längst vergangenen Erdzeitaltern auf's Haar gleichen. Auch heute existieren noch Bakterien, Einzeller, Algen oder Fische. Mehr noch: es gibt unzählige Beispiele, wo sich bestimmte Evolutionslinien sekundär sogar stark vereinfacht haben, man denke etwa an die Viren, die man heutzutage als selbstständig gewordene Erbsubstanz sehr verschiedener Herkunft ansieht. Auch viele parasitische Organismen, seien es Pilze, Tiere oder Pflanzen, zeigen eine starke Vereinfachung ihres Bauplanes, oft bleibt sogar nur ein simpler Sack mit den Geschlechtsprodukten als Endergebnis solcher Entwicklungsreihen sichtbar.

Dieses weit differenzierte Erscheinungsbild lässt aber eine sehr simple mathematische Erklärung für das punktuelle Auftreten von Ordnung zu. Wenn man von einem beliebigen Ordnungsgrad ausgeht und zufällige „Ordnungssprünge“ in alle Richtungen annimmt, wird es nach einigen Durchgängen zweifellos einige Linien geben, die ihren Ordnungszustand vermindert oder erhöht haben, während andere, und dies sind die meisten, mehr oder minder in Bezug auf ihren Ordnungsgrad gleich geblieben sind.

So weit, so gut. Aber wieso bleibt ein Insekt ein Insekt, ein Vogel ein Vogel? Warum haben Säugetiere kein drittes Auge am Hinterkopf oder Vögel ein zweites Paar Flügel wie viele Insekten? Warum ist es einem Wal nicht möglich, auf seine in der Embryonalentwicklung sogar angelegten Kiemen zurückzugreifen, obwohl ohne Zweifel diese Kiemen sein Leben retten könnten, da er dann nicht mehr zum Atmen an die Oberfläche muss, wo ihn die Walfängerharpune erwartet? Wo liegt der Grund, dass ein Octopus oder Kalmar mitten durch sein Gehirn frisst und die erbeutete Krabbe oder Sardine in winzige Stückchen zerlegen muss, um sie durch seine nur halbmillimeterweite Speiseröhre transportieren zu können? Warum sind bei uns selbst Luft- und Speiseröhre gekreuzt, obwohl parallele Streckenführung weitaus praktischer wäre und uns auf ewig vor verschluckten Fischgräten bewahren würde? Warum führt der weibliche Geburtskanal des Menschen (wie der aller höheren Säugetiere) ausgerechnet durch den einzigen festen Knochenring (er ist nur minimal dehnbar) unseres gesamten Skelettes und verursacht damit größte Probleme bei der Geburt?

Solch funktioneller Unsinn in der Evolution ist aber nicht nur auf Strukturen beschränkt, nein, der gesamte Bereich biologischen Daseins ist davon betroffen. Warum hat die Natur in den staatenbildenden Insekten – die Termiten,

Bienen, Wespen, oder Ameisen sind mit weitem Abstand die erfolgreichsten Tiergruppen aller Zeiten – mehrfach parallel Lebensformen hervorgebracht, wo 99,9% aller Nachkommen unfruchtbar sind? Warum erwählen Pfauhennen gerade jene Hähne (der Pfau ist ein Hühnervogel) mit den längsten Schwanzfedern, obwohl deren Existenz eine deutlich beeinträchtigte Flugfähigkeit der erwählten Hähne zur Folge hat, die naturgemäß auf seine Nachkommen vererbt wird? Warum sind auch wir modernen Zivilisationsmenschen noch immer – und oft wider besseren Wissens – so anfällig für optische Täuschungen und Panik oder neigen unbewusst zur Fremdenfeindlichkeit?

Solche Unstimmigkeiten – und es gibt deren noch viel mehr – zeigen uns zweierlei. Zunächst ist Vorsicht angebracht, wenn von den „großartigen und unübertrefflichen Konstruktionen der ach so weisen Natur“ oder vom „Intelligenten Design“ die Rede ist. So unbestreitbar genial und zweckmäßig viele Baupläne und Verhaltensweisen auch sein mögen: Die genannten Beispiele zeigen exemplarisch aber eindrucksvoll, dass es in der Natur auch viele unsinnige, ja häufig sogar kontraproduktive Strukturen und Regeln gibt. Auch das von Kreationisten manchmal gebrachte Argument, die Tiere würden ja trotzdem überleben und damit Zeugnis ablegen für eine „intelligente“ Evolution, zieht nicht: Wenn Überleben ein Kennzeichen eines intelligenten Designers sein soll, dann zeigen die mehrfach in der Erdgeschichte erfolgte massiven Aussterbewellen wohl das Gegenteil an: Die Tatsache, dass 99 Prozent aller jemals gelebten Organismenarten nicht mehr existieren, wird damit zum direkten Beleg für „UN-Intelligent Design“.

Viel wichtiger aber erscheint mir, dass die oben genannten Beispiele uns etwas vor Augen führen, was wir als Systemzwänge schon bei der Erörterung des mikrokosmischen Zufalls kennen gelernt haben. Und in der Tat: Der Ursprung der Baupläne ist eine Geschichte zufälliger Regeln, die in geregelte Zufälle münden.

3.6.2. Wie ein Bauplan entsteht: Varianten werden fixiert

Was unterscheidet einen biologischen Bauplan von einem Konstruktionsplan eines Architekten etwa für ein Haus oder eine Brücke? Der entscheidende Unterschied ist, dass die Ausgangsposition nicht „wegen Umbaues geschlossen" werden kann, der entsprechende Organismus muss ständig funktionsfähig sein; Generation für Generation, täglich, stündlich, sekündlich. Dies gilt für evolutive Vorgänge zwischen den Generationen und zu weiten Teilen sogar für die individuelle Entwicklung, obwohl bei letzterer radikale Umbauten etwa während einer Metamorphose vorkommen können.

Typisch für die Anlage eines biologischen Bauplanelementes ist es, dass in der ersten Phase Varianten bestimmter Merkmale noch sehr vielfältig auftreten können. Die später auftretenden Vertreter zeigen hingegen eine sehr einheitliche Ausprägung dieses Merkmals. Dies trifft für alle Organisationsebenen und Merkmalstypen der lebendigen Natur zu. So finden wir bei den Bakterien eine große Fülle an prinzipiellen Stoffwechseltypen vor, während die höheren Lebewesen einen sehr einheitlichen Stoffwechselmodus aufweisen. Daher können wir bakterielle Krankheitserreger mit Hilfe von „Antibiotika", also Stoffwechselgiften bekämpfen, ohne dass wir selbst dabei Schaden nehmen, während uns höher organisierte, kernhaltige (eukaryonte) Parasiten jeder Art (z.B. Malaria-Erreger oder Bandwürmer) viel mehr zu schaffen machen. Die Eukaryota zeigen ihrerseits wieder eine Vielfalt von Varianten in Bezug auf Lebenszyklen und Kernteilungsmechanismen, während mehrzellige Organismen wie Pflanzen oder Tiere darin kaum Unterschiede zeigen. Basale Wirbeltiere variierten in der Anzahl ihrer paarigen Körperanhänge, die meisten heute lebende Gruppen haben die 4-Zahl ihrer Extremitäten (Flossen, Beine, Flügel, Arme) fixiert. Die Beispielreihe ließe sich beliebig fortsetzen.

Es erfolgt also eine schrittweise Fixierung solcher vorerst zahlreich vorhandener Varianten, wobei es zunächst zufällig ist, welche Varianten auftreten. Das betrifft nun, und dies ist ein ganz entscheidender Punkt, nicht nur Merkmale, welche der äußeren Umwelt ausgeliefert sind, nein es sind vor allem Merkmale der organismischen Funktionen selbst, die davon betroffen sind. Denn es ist aufgrund der bereits erreichten Komplexität – und dies gilt bereits für Bakterien – recht schwierig, auf zufälliger Basis Varianten zu finden, die das Funktionsgefüge des Organismus nicht gefährden, die Anpassungsfähigkeit bezogen auf die äußere Umwelt ist dagegen wesentlich leichter zu erreichen.

3.6.3. Wie ein Bauplan entsteht: Merkmalskoppelung

Nun ist es ein Irrtum zu glauben, dass vorhandene Merkmale einfach variieren, nein sie verändern auch ihre Beziehung zueinander. So kommt es unter anderem zur zufälligen Merkmalskoppelung, d.h. dass etwa zwei Strukturen in Zukunft nur mehr gemeinsam verändert werden können. Ein schönes Beispiel dafür sind die farbenprächtigen Muster der Flügel unserer Tagfalter. Hier ist schon seit langer Zeit eine Koppelung der Musterung von Vorder- und Hinterflügel fixiert worden. Daher die so erstaunliche Übereinstimmung der sogar häufig sich ergänzenden Musterung. Dass dies nicht notwendigerweise so ist, zeigen uns die Nachtschwärmer, deren Farbe meist auf die Hinterflügel beschränkt ist, während die Vorderflügel häufig tarnfarbig sind und in Ruhe dachziegelartig über die Hinterflügel gelegt werden.

Wesentlich bei diesem Vorgang ist es, dass der mikrokosmische Zufall nicht aufgehoben wird, das Farbmuster kann ja nach wie vor verändert werden. Dennoch gibt es ab dem Zeitpunkt der Koppelung eine Regel bzw. einen „Constraint" mehr: Vorder- und Hinterflügel müssen nunmehr gemeinsam verändert werden.

3.6.4. Die Formen der Koppelung

Der österreichische Evolutionsbiologe Rupert Riedl hat bereits 1975 vier Kategorien der Systembedingungen der Evolution, der „Ordnung des Lebendigen" beschrieben, welche im Folgenden kurz aufgeführt werden sollen, da sie sehr gut geeignet sind, uns die Vielschichtigkeit dieses Phänomens vor Augen zu führen. Hinzugefügt soll werden, dass wir heute, fast 40 Jahre später, für alle damals postulierten Regeln sehr schöne Beispiele auf (epi-) genetischer Ebene festgestellt haben. Man spricht heutzutage von genetischen „Modulen", d.h. dass bestimmte Gene miteinander verkoppelt sind.

NORM-teile gibt es auf allen organisatorischen Ebenen lebendiger Strukturen. Sie reichen von unzähligen Kopien gleicher Hämoglobin-Moleküle über einheitliche Leberzellen bis hin zu gleichartig strukturierten Haaren auf Kopf und im Intimbereich (mit ganz unterschiedlichen Funktionen als Strahlungsschutz bzw. Signal- und Dufthaare), aber auch unsere Finger / Zehen oder Arme / Beine sind Normstrukturen. Dies hat den ungeheuren Vorteil, dass mit sehr wenig genetischer Information sehr viel gebaut werden kann. Zugleich aber schränken Normteile die Freiheitsgrade des Zufalls massiv ein: Wenn eine Modifikation der Knochenbälkchen (z.B. mehr Flexibilität) für die Funktionsweise unserer Beine vorteilhaft wäre, hätte möglicherweise die Stabilität unserer Schädelkapsel zu leiden. Optimieren wir den Strahlungsschutz unserer Kopfhaare, hätte darunter möglicherweise die Funktion „Dufthaar" zu leiden.

HIERARCHIE findet sich in allen biologischen Strukturen. Jedes strukturelle Merkmal besteht selbst aus Untermerkmalen, die ihrerseits in einem Übermerkmal arrangiert sind. So besteht etwa der Unterarm aus Elle und Speiche und ist zugleich Teil unserer Vorderextremität. Interessant ist nun, dass solche hierarchischen Gebilde offensichtlich auch direkt im Genom hierarchisch geschalten sind. Wie sonst ließen sich Geburtsfehler wie zusätzliche Finger erklären, wie sonst das Phänomen einer fehlerhaften Regeneration – etwa einer Insekten-Antenne durch ein Bein – verstehen (beides sind Fehlbildungen), die aber in sich vollkommen funktionsfähig sind.

INTERDEPENDENZ (gegenseitige Abhängigkeit) fixiert aufeinander angewiesene Strukturen gleicher Hierarchieebene. Man stelle sich vor, was passieren würde, wenn beim Auftreten längerer Finger dieses Phänomen jeweils nur auf den Knochenbau, die Muskulatur, die Nerven oder die Blutgefäße beschränkt wäre – ein solcher Finger wäre funktionsunfähig. Auch die Längen der Finger einer Hand sind gegenseitig verkoppelt, und nur das Fingertier mit seinem stark verlängerten Mittelfinger (zum Herausbohren von Insekten aus Bohrlöchern) ist eine berühmte Ausnahme. Auf genetischer Ebene gibt es noch viel weitergehende Verschaltungen: So kodiert etwa bei der Taufliege *Drosophila* ein bestimmtes Gensystem, *„wingless – hedgehog"* genannt, die Augenbildung, die Anlage von Beinen und Flügel sowie die Spezifizierung der Körperachsen.

Eine spezielle Kategorie von Koppelung zeigt sich in der Individual-Entwicklung. Rupert Riedl nannte sie „Tradition"; meiner Ansicht nach führt diese Bezeichnung aber zu groben Missverständnissen, so dass ich lieber von ENTWICKLUNGSREGELN sprechen möchte. Solche Regeln führen zumindest teilweise häufig aber nicht immer zur Rekapitulation (Wiederholung) der stammesgeschichtlichen Entstehungsweise, sind aber auch von Erfordernissen der spezifischen Umwelt des Keimlings oder der Larve abhängig. Nur als Rekapitulation ist es zu verstehen, wenn auch wir selbst Hunderte von Millionen von Jahren nach der Landeroberung der Wirbeltiere noch immer Kiemenspalten anlegen. Nur so ist es erklärbar, dass Frühgeborene die sogenannte „Lanugo-Behaarung“ aufweisen, eine Rekapitulation unserer felltragenden Vorfahren. Umgekehrt entsprechen Nabelschnur oder embryonale Harnblase direkt den Erfordernissen eines heranwachsenden Menschenkindes im Mutterleib.

3.6.5. Die Konsequenzen der Koppelung

Diese speziellen Formen der genetischen Merkmalskoppelung führen nun zunächst zu einer zunehmenden Erstarrung der Rahmenbedingen: Auf bereits unveränderlich fixierten Komplexen bauen neue, noch variable Systembedingungen auf, der Fachmann spricht von einer zunehmenden „Bebürdung“ von Merkmalen. Sehr schön lässt sich dies etwa am Arm/Bein-Skelett der Säugetiere zeigen, wo Oberarmknochen, Elle und Speiche nur wenig Varianten zeigen, die Finger bzw. Zehen aber Laufbeine, Tatzen, Greifhände, Grabschaufeln, Flügel oder Flossen mit Hufen, Krallen, Schwimmhäuten oder Nägeln formen. Diese „Bürde“ ist der tiefe Grund, warum ein Insekt immer ein Insekt, ein Weichtier immer ein Weichtier, ein Vogel immer ein Vogel bleiben wird, auch wenn dies noch so unpraktisch ist, wie wir an den oben angeführten Beispielen von Wal und Tintenfisch gesehen haben. Zwar hat die zunehmende Bebürdung auch eine zunehmende Komplexität zur Folge, diese muss allerdings stets auf Kosten von Freiheitsgraden erkauft werden.

Doch ist die Einschränkung des Zufalls durch die „Constraints“ des Bauplans nur die eine Seite der Medaille. Denn der Zufall erweist sich als erfinderisch, findet in vorgegebenen Strukturen stets neue Schlupflöcher, um auf neuer Ebene wirksam zu sein. So brauchen beispielsweise Amphibien stets Süßwasser für ihre Entwicklung. Aber einige Frösche haben Brutfürsorgemechanismen entwickelt, die sie auch die trockensten Wüsten besiedeln lassen. Insekten sind wechselwarme Organismen, deren Körpertemperatur von der Umgebung abhängt. Termitenbauten und Bienenstöcke schaffen es allerdings als „Superorganismen", im Inneren eine eindrucksvolle Temperaturregelung aufzubauen.

Nun ist es in mehreren Bereichen der organismischen Evolution vorgekommen, dass diese neue Ebene des Zufalls die strukturelle Basis verlässt, um sich Freiheitsgrade auf einer prinzipiell neuen Ebene zu erschließen. Alle Ameisen sehen sich äußerst ähnlich, dennoch gibt es unter ihnen eine ungeheure Vielfalt prinzipiell verschiedener Verhaltensweisen. Besonders ausgeprägt ist dieses Phänomen bei uns Menschen, wo sich die ethnischen Kulturen weit deutlicher unterscheiden als die genetischen Grundlagen der Völker.

3.6.6. Evolution zwischen Zufall und Regeln

Zweierlei haben wir gelernt: Komplexität und Ordnung können im Laufe der Evolution auf naturgesetzlicher Basis entstehen, eine geheimnisvolle Lebenskraft, eine „Vis vitalis" braucht dazu nicht postuliert zu werden. Die Entstehung von Ordnung an sich hat zufälligen (indeterministischen) Charakter, bedingt aber durch Gen-Merkmalskoppelungen „Constraints" (als Bauplan-Element), das heißt ab diesem Zeitpunkt gültige Regeln, die wiederum nicht durchbrochen, wohl aber umgangen werden können.

Ein biologischer „Bauplan“ erweist sich also als höchst dynamisches Gebilde und ist von typischem „Plandenken“ und noch mehr von „Planwirtschaft“ als Ausdruck unbeweglich-statischer Führungsstrukturen meilenweit entfernt.

3.7. MATERIE UND GEIST

Ist Geist „bloß“ eine Gehirnfunktion? Oder aber „denken“ bereits Quarks und Photonen? Es ist eine uralte philosophische Grundfrage, der wir uns hier zu stellen haben, ob wir nun wollen oder nicht.

3.7.1. Ist die Welt real?

Diese Frage ist nur auf den ersten Blick dumm und wurde erst vor wenigen Jahren in einer populären Filmtrilogie, „Matrix“, intensiv thematisiert. In der Tat gibt es eine philosophische Richtung, den so genannten Solipsismus, deren Vertreter von der Annahme ausgehen, dass sich sämtliches Weltgeschehen nur in unserem Verstand abspielt. Nun ist es tatsächlich nicht möglich, diese Annahme logisch zu widerlegen, da jedes Argument damit entkräftet werden kann, dass es erst durch die Wahrnehmung des Solipsisten in dessen Leben eintritt. Der Naturwissenschaftler spricht daher genau genommen immer von einem hypothetischen Realismus.

Es gibt allerdings eine – wenn auch sehr bösartige – Methode, die Vertreter des Solipsismus auszurotten. Dazu muss man sie nur vor einen Käfig mit hungrigen Löwen oder Tigern stellen, ihnen die Augen verbinden sowie Nasen und Ohren verstopfen. Dann macht man sie darauf aufmerksam, dass in einer Minute das schützende Gitter entfernt wird. Da nach der Vorstellung der Solipsisten die Raubtiere (wie die gesamte übrige Welt) nur in ihrem Verstand existieren, wäre mit der Lahmlegung entsprechender Sinneswahrnehmungen logischerweise auch deren Existenz vernichtet. Egal wie sich der Solipsist entscheidet – davonlaufen oder stehen bleiben – nachher gibt es einen Solipsisten weniger, sei es, dass die Hypothese der irrealen Welt verworfen wurde oder aber der Uneinsichtige vom hungrigen Löwen eines besseren belehrt wurde.

Wir halten also daran fest, dass die uns umgebende Welt Realität hat, umso mehr, da wir Grund zur Annahme haben, dass sich auch unser eigener Körper und Verstand in der Auseinandersetzung mit dieser realen Umwelt entwickelt haben.

3.7.2. Realität durch Geist?

Eine der aufregendsten und von christlichen Philosophen und Theologen immer häufiger angeführte These, ist die der Quantenphysik entnommene Theorie, dass bestimmte physikalische Vorgänge erst durch die Beobachtung dieser Vorgänge Realität zu gewinnen scheinen. Dies ist eine direkte Weiterführung des Ansatzes, dass etwa der radioaktive Zerfall prinzipiell nicht vorhersehbar oder vorausberechenbar ist und erst durch das durchgeführte Experiment bestimmbar ist. Das klassische theoretische Beispiel für einen solchen Vorgang wird in der modernen Physik mit dem netten

Titel „Schrödingers Katze“ bezeichnet. Man stelle sich eine dunkle und nicht einsehbare Kiste vor, in der eine schwarze (sie kann auch weiß oder scheckig sein) Katze sitzt. Eine tödliche Gasentladung ist mit einem Quantenereignis, sagen wir, dem radioaktiven Zerfall eines Elements gekoppelt. Die Chance, dass nach der Halbwertszeit dieses Elements die Katze lebt, ist exakt 50:50, und solange wir nicht in die Kiste hineinschauen, kann (da prinzipiell nicht vorhersagbar) niemand sagen, ob die Katze nun lebt oder nicht.

Dieses Gedankenexperiment, welches unbestreitbar mathematisch-physikalisch richtig konzipiert ist, wurde nun dahingehend interpretiert, dass sich die Katze in einem halbrealen lebend-tot Zustand befindet, solange niemand die Kiste öffnet und nachsieht. Daher würde erst die erfolgte Beobachtung und damit die Aktivität eines Beobachters die Realität der lebenden oder toten Katze auslösen.

Nun haben praktisch alle Vorgänge dieses Kosmos Wahrscheinlichkeitscharakter, allerdings mit meist extremen Werten. Die Realität dieses Kosmos (abgesehen von unserer eigenen Existenz) wird nur von einigen Extremphilosophen (Solipsisten, siehe oben) in Zweifel gezogen. Daher kann in Analogie zu Schrödingers Katze ein Superbeobachter – Gott – postuliert werden, der diesen Kosmos permanent in die Realität holt.

Zugegeben, das klingt gut, aber heutzutage ist allen Theologen (leider nicht allen Physikern) klar, dass Gottesbeweise prinzipiell nicht möglich sind. So ist auch dieser quantenphysikalische Ansatz so wie alle seine Vorgänger als Gottesbeweis nicht haltbar: Eine simple Videokamera, deren Band irgendwann später überprüft werden kann, würde ganz eindeutig zeigen, dass Schrödingers Katze zur Halbwertszeit ganz real entweder schon mausetot oder aber quietschvergnügt ist. Bei entsprechend vielen Wiederholungen käme schlussendlich wieder ein 50:50 Ergebnis heraus.

3.7.3. Gehirn und Geist – eine Wechselwirkung

Auf dieser unserer Welt ist tierischer und menschlicher Geist stets an eine extrem komplexe Struktur gebunden, die wir als Gehirne bezeichnen. Mehr noch, selbst die spezifische Ausformung des Geistes steht stets in unmittelbarem Zusammenhang mit häufig nicht mehr rückgängig zu machenden Verknüpfungen von Neuronen.

Wie schon angedeutet gibt es ein besonders einprägsames Experiment zu dieser These. Ich schlage allerdings die Durchführung erst für den kommenden Abend vor, am besten in den eigenen vier Wänden, um unliebsame Nebeneffekte möglichst hintanzuhalten. Man braucht dazu nichts weiter tun, als eine geringe Menge eines sehr einfachen Stoffes, nämlich C_2H_5OH (Alkohol: die Geschmacksrichtung kann beliebig gewählt werden) kontinuierlich zu sich zu nehmen. Weniger fein ausgedrückt, man besäuft sich. Dabei bewirkt der Alkohol eine zunehmende Vergiftung des Gehirns bzw. der entsprechenden Nervenzellen, von der sich letztere erst voraussichtlich im Laufe des folgenden Tages erholen. Unser subjektiver Eindruck ist aber nicht der einer Gehirn- oder Nervenvergiftung, vergleichbar etwa einer Magenverstimmung oder einer eiternden Wunde, nein unser Selbstgefühl sagt: „Ich bin besoffen"

– und es hat recht damit. Zweifellos ist dieses Experiment vergleichsweise ein Holzhammerversuch, die modernen Psychopharmaka und Bewusstseinsdrogen aller Varianten zeigen aber, dass wir gelernt haben, auch dieses Instrument wirkungsvoll zu beherrschen – es ist allerdings nicht selten die Frage, wer hier wen beherrscht. In allen diesen Fällen wird primär das Gehirn biochemisch beeinflusst, zugleich aber unsere Psyche verändert. Genügt oft (mir zumindest) nicht schon ein gutes, reichliches Abendessen, um uns in den Zustand höchsten Wohlbefindens zu versetzen? Und verursacht die Hormonspiegelschwankung während der Periode nicht jenes Gefühl, das zu Recht als "Unwohlsein" beschrieben wird?

Doch wiederum ist dies nur eine Seite der Medaille. Wem ist noch nie ein Kloß im Hals gesteckt oder hat vor Angst zu schwitzen begonnen? Die gesamte Welt psychosomatischer Einflüsse, Störungen und Krankheiten, aber auch die heilende Wirkung von Klinikclowns zeigen uns, dass die Beziehung zwischen unserem Körper und Geist, dem „Ich", keine Einbahnstraße ist, sondern als Wechselwirkung bezeichnet werden muss.

Obwohl also unser Geist hier und heute auf eine intakte Gehirnstruktur angewiesen ist, kann er seinerseits unseren Körper massiv beeinflussen, sei es nun willkürlich oder unterbewusst. Als Beispiel sei die lange Tradition des Fastens erwähnt, das sich quer durch die Weltkulturen seit Jahrhunderten als Mittel der „Seelenreinigung" bewährt hat, seinerseits aber eines entsprechenden Willensaktes bedarf. Diese Feststellung führt uns aber zwangsläufig zur Frage: Was war denn nun zuerst da? Wie kam der Geist in diese Welt?

3.7.4. Vorbedingungen des menschlichen Bewusstseins

Einer der klassischen Einwände gegen eine rein evolutionstheoretische Erklärung zur Entstehung menschlichen Geistes ist jener, dass es offensichtlich keine andere Tierart geschafft hat, auch nur annähernd unseren Standard zu erreichen. Diese Aussage ist aber gleich grundsätzlich zu relativieren, seit man herausgefunden hat, dass Menschenaffen zu solch „typisch menschlichen" Leistungen wie Werkzeugbau, Tradition und sogar sprachlicher Logik fähig sind. Doch stellen wir die Frage konkret: Unter welchen Rahmenbedingungen konnte und kann sich Selbstbewusstsein entwickeln?

Diese Frage hat Konrad Lorenz vor mehr als 40 Jahren beantwortet, als er „die Rückseite des Spiegels", in den wir hier schauen, zu untersuchen begann. Mittlerweile sind viele seiner Ergebnisse bestätigt und verfeinert worden. Zunächst muss eine Reihe von bestimmten Umweltbedingungen gegeben sein, um dem selbstbewussten Geist entsprechende Anregungen zu geben. Dabei ist ein abwechslungsreicher, stark strukturierter dreidimensionaler Lebensraum, wie es etwa in Baumkronen oder Korallenriffen der Fall ist, eine grundlegende Voraussetzung. Die soziale Umwelt muss eine gewisse Organisationshöhe erreicht haben, so dass individuelles Erkennen und permanenter Schutz für die Nachkommen gegeben ist. Nur in letzterem Fall kann sich freies Spiel entwickeln, das von entscheidender Bedeutung ist. Auch an den Körperbau werden Bedingungen gestellt, wie binokulares (d.h. dreidimensionales) Sehen oder das Agieren der Hand / Pfote / Tatze im Gesichtsfeld, d.h. das Tier muss sich beim Handeln zusehen können.

Die Vielzahl der genannten Vorbedingungen erklärt auch, warum es nur den affenartigen Vorfahren gelang, Bewusstsein im modernen Sinn zu entwickeln: Es gibt keine andere Tiergruppe (nur die Ratten sind sehr nahe dran), wo alle diese Rahmenbedingungen erfüllt sind.

Wie wir bereits festgestellt haben, ist die Entstehung des menschlichen Geistes nur einer von vielen Fällen eines dialektischen Sprunges, allerdings ein Sprung, der uns unmittelbar betrifft und der dementsprechend viel Aufmerksamkeit erregt hat. Dass auch unser Verstand, unsere Ratio, Systembedingungen zu gehorchen hat, sei im Folgenden kurz dargestellt.

3.7.5. Die Rahmenbedingungen des Verstandes

Wie schon Kant festgestellt hat, baut unsere bewusste Gedankenwelt, die Ratio, auf bestimmten Grundvoraussetzungen auf wie Kausalität, Zeit oder drei-dimensionaler Raum. Diese Grundbedingungen werden als „Kant'sche Apriori" bezeichnet. Das wäre an sich noch kein Unglück, man könnte ja sagen – und es wurde gesagt – dass Gott den menschlichen Verstand eben mit dem notwendigen Rüstzeug ausgerüstet hat.

Nun hat aber die moderne Physik schon am Beginn des letzten Jahrhunderts gezeigt, dass diese Grundbedingungen des Verstandes nur eine grobe Annäherung an die Wirklichkeit darstellen und universell gesehen eigentlich völlig falsche Prämissen liefern. So fallen wir zum x-ten Male auf eine optische Täuschungen herein, empfinden Raum und Zeit als ganz unterschiedliche Parameter, obwohl uns schon Einstein vom Gegenteil überzeugt hat, und tun uns generell mit jeder Art von Netzkausalität, also einer Rückkoppelung von Wirkung auf die Ursache in Ökologie und Ökonomie sehr schwer.

Die Lösung dieses Paradoxons liegt darin, den humanen Verstand genauso zu analysieren, wie wir dies oben mit vielen anderen Merkmalen getan haben, man erinnere sich an verrückte Baupläne und Merkmals-Constraints (siehe oben). Unser Verstand hat sich auf das Überleben auf Kleingruppenebene mit individuellem Erkennen spezialisiert. Auch wenn am Beginn des 3. Jahrtausends vernetztes ökologisches und ökonomisches Denken mehr als gefragt wäre, wir können es nur mühsam mittels elektronischer Krücken erlernen. Die „Kant'schen Apriori" sind nichts weiter als die evolutiv entstandenen Systembedingungen, die „Constraints" unseres Verstandes, die nicht durchbrochen werden können.

Doch wieder einmal halt: Constraints können zwar nicht durchbrochen, aber doch überwunden werden, so sagten wir bereits. Wie schon ausgeführt sind Insekten aufgrund ihres Bauplanes wechselwarm und können daher eine eigenständige Körpertemperatur gegenüber ihrer Umgebung nicht aufrecht erhalten. Dennoch ist ein Termitenbau als multi-individuelles Übersystem (Superorganismus) ein „Warmblüter", dessen Temperatur selbst bei stärksten äußeren Schwankungen nahezu konstant bleibt.

Auch wir sind in der Lage, unsere alt ererbten und angeborenen Systembedingungen unseres Verstandes zu überwinden, ironischerweise kraft dieses Verstandes. Dazu bedarf es allerdings als Voraussetzung der rationalen Aufarbeitung unserer historischen Wurzeln – auch der des Verstandes selbst. Wer glaubt, „mir kann das nicht passieren, da ich über den Dingen stehe“ – ist bereits in die Falle getappt.

3.7.6. Ist der Verstand frei?

In den letzten Jahren zunehmend beachtet, interpretieren einige (wenige, aber doch) Neurobiologen die Versuchsergebnisse zum Ablauf und Ausführung von Willkürhandlungen dahingehend, dass der freie Wille des Menschen grundsätzlich eine Selbstillusion sei. Ich stelle zunächst ebenso grundsätzlich fest, dass – wenn dies denn so wäre – auch diese Argumentation und deren Träger determiniert, also von den entsprechenden Neuronen vorprogrammiert sein müssten.

Worum geht es aber genau? Wenn man den zeitlichen Ablauf einer Willkürbewegung (etwa das bewusste Heben eines Armes) misst, lässt sich (etwa durch Uhrenvergleich) zeigen, dass das Aktionspotential, also die Aktivierung der betroffenen Nerven/Neuronen etwas früher (im Mittel ca. 50 Millisekunden) messbar wird als der Wille dazu bewusst wahrgenommen wird. Diese Experimente wurden erstmals 1979 vom Neurophysiologen Benjamin Libet durchgeführt und als „Libet-Experimente“ vielfach bestätigt. Offensichtlich agieren die beteiligten Neuronen früher als wir es bewusst bemerken können. Während Libet selbst einfach schlussfolgerte, dass Willkürbewegungen zunächst unbewusst eingeleitet werden (dagegen ist gar nichts einzuwenden), haben spätere Autoren die Ergebnisse als Indiz für eine „Neuronenmarionette“ angeführt und den freien Willen kategorisch bestritten.

Diese für jede Ethik und Gesellschaft mit gravierenden Folgen behaftete Interpretation enthält meines Erachtens aber gleich mehrere gravierende Fehler: (1) Eine Willensentscheidung, insbesondere im ethischen Bereich, gemeint ist das „wie handle ich richtig und gut?“, ist weit komplexer und zeitlich bedeutend ausgedehnter als eine simple *ad hoc* Willkürhandlung. (2) Auch wenn unser „Ich“, sei es bewusst oder unbewusst, von neuronalen Zuständen abhängt, so ist „es“ und „ich“ doch weit mehr als diese. Bis heute gibt es nicht den geringsten Ansatz, wie aus einem Neuronenfeuerwerk unseres Gehirns, einem sogenannten Erregungsmuster (etwa von bestimmten Arealen im Sehzentrum), eine Empfindung (etwa meine Lieblingsfarbe weinrot) wird. Nach dem bisher Gesagten liegt aber der Verdacht nahe, dass es hier ebenfalls um naturgesetzlich-schöpferische Komponenten, also um prinzipiell neue Seinsebenen geht. Einmal mehr ist die Aussage „ist nicht mehr als...“ zurück zuweisen.

So tritt uns der eigene Verstand, das eigene „Ich“ einerseits als nunmehr vertrautes Phänomen des dialektischen Sprunges entgegen, der wie alle anderen eine naturgesetzliche Basis hat. Gerade dieses Qualitätsmerkmal bedeutet aber das Auftreten prinzipiell neuer Systemeigenschaften, die zwar wiederum begrenzt sind, aber wiederum ganz neue Freiheitsgrade erschlossen haben.

3.8. NATURGESETZE EINMAL ANDERS

Wo sind wir gelandet? Bei einem neuen Verständnis von Naturgesetzen. Diese sind ganz anders und viel großartiger, als wir dies früher gedacht haben. Und es ist dieses neue Verständnis der Naturgesetzlichkeiten, die Philosophen sprechen gerne von „Paradigmenwechsel“, das uns den Weg zur Synthese mit den biblischen Grundvorstellungen zur Schöpfung ebnet.

Tatsächlich, wir haben bereits viel erreicht. Der Zufall erwies sich als Grundlage der kosmischen und auch unserer eigenen individuellen Freiheit, die aber stets nur unter vorgegebenen Rahmenbedingungen wirksam werden kann. Die dialektischen Sprünge auf allen Seinsebenen brachten und bringen noch immer schöpferische Impulse in dieses Universum. Eine singuläre Urkraft, die sich selbst aus dem Nichts ins Dasein rufen konnte, tritt uns in tausendfachen Facetten täglich, stündlich, nein dauernd entgegen und wird damit zum „ewigen“, da grundlegenden Daseinsprinzip dieser Welt.

Zutaten und Gewürze unseres Syntheseversuchs sind erworben, vorbereitet und gemischt, das Festmahl gekocht und zubereitet. Nun wird serviert: Guten Appetit!

4. CREDO

4.1. VERSUCH EINER SYNTHESE

Ich möchte im Folgenden nun ganz konkret versuchen, die beiden unterschiedlichen Betrachtungsweisen synthetisch zu vereinen: Einerseits wird die auf der Grundlage der Bibel stehende theologische Schöpfungsidee im Licht einer zeitgemäßen, historisch-kritischen Exegese akzeptiert, insbesondere die johanneische Idee des „Logos". Andererseits gelten die auf der Basis der Naturwissenschaften (vor allem Physik und Biologie) fundierenden Theorien von Kosmologie und Evolution ohne Abstriche. Mit anderen Worten: der Zeitpunkt ist gekommen, die vorangegangenen Ansätze zusammenzufassen und sie in einen Gesamtrahmen zu stellen.

Diese Zusammenfassung soll anhand des christlichen Glaubensbekenntnisses, des „Credo", vorgenommen werden, sicherlich ein angemessenes Unterfangen von Seiten der Theologie, aber auch ein erstaunliches Dokument für den Naturwissenschaftler. Wie schon oben einmal angeführt, bin ich ein Freund von Originalfassungen, und auf Latein (bis heute *die* Kirchensprache) lautet der Anfang des christlichen Glaubensbekenntnisses:

CREDO
IN UNUM DEUM
PATREM OMNIPOTENTEM
FACTOREM CAELI ET TERRAE
VISIBILIUM OMNIUM ET INVISIBILIUM

4.1.1. CREDO – ich glaube

Der Beginn des christlichen Glaubensbekenntnisses steht in der „Ich-Form“ und beschreibt damit zugleich das Programm sowie die dahinter liegende Absicht. Beides trifft vollinhaltlich auch auf die kommenden Ausführungen zu. Die vorgestellte Synthese versteht sich als individuelles Angebot an jede(n) einzelne(n), das angenommen werden kann, aber nicht angenommen werden muss.

Die lateinische Sprache ist in vieler Hinsicht exakter als die Deutsche. So wird präzise zwischen „puto“ und „credo“ unterschieden, obwohl beide Ausdrücke meist mit dem deutschen Vokabel „glauben“ übersetzt werden. Im Englischen wird zwischen „think“ und „believe“ differenziert. „Puto“ („think“) betrifft dabei prinzipiell nachprüfbare Dinge oder Ereignisse, während „credo“ („believe“) Dinge umfasst, die letztlich nicht überprüft werden können, sondern eine Vertrauensbasis erfordern, also ein gewisses Wagnis beinhalten. „Credo“ kommt von „cordo“ – sein Herz hinein legen – und auch im Englischen heißt es „believe in“, also sich in etwas vertrauensvoll hinein begeben. Letzteres gilt auch für den hier dargestellten Syntheseversuch – er verlangt von Ihnen, liebe Leserin oder lieber Leser, auch einen Vertrauensvorschuss.

„Credo“ bedeutet natürlich auch, dass die Annahme eines persönlichen Gottes nicht zwingend notwendig ist oder sich zwingend logisch herleiten ließe. Ich bitte daher alle jene um Verzeihung, die sich vielleicht eine neue Art eines Gottesbeweises erwartet oder erhofft haben – ich muss sie enttäuschen. Solchen Hoffnungen muss prinzipiell eine

Absage erteilt werden. Das ist erstens nicht meine Aufgabe, und zweitens logisch unmöglich, wie bereits die mittelalterliche Scholastik gezeigt hat und selbst von der Theologie nicht mehr angestrebt wird.

Es geht daher nicht darum, Gott zu beweisen oder Ihn zu rechtfertigen. Nein, das Ziel dieses Beitrages, dieses Buches ist es aufzuzeigen, dass sich die (nicht beweisbare, aber vorausgesetzte) Annahme eines persönlichen, liebenden Gottes mit den naturwissenschaftlichen Theorien zu Kosmologie und Evolution grundsätzlich verträgt und letztere keine Widersprüche darstellen. Wir wollen christlich UND ehrlich UND intelligent sein.

4.1.2. IN UNUM DEUM – an den einen Gott

Das Wichtigste zuerst: „in unum deum" bringt gleich zu Beginn den fundamentalen Gegensatz zwischen dem jüdisch-christlich-islamischen Eingott-Glauben (spätestens ab dem Babylonischen Exil ein echter Monotheismus) und den übrigen Religionen eindeutig zur Sprache. Es gibt nur EINEN Gott, nicht mehrere oder gar viele, wie dies die meisten umgebenden Völker, insbesondere die Ägypter, Babylonier, Hethiter, Griechen und später die Römer glaubten. Diese Aussage bedeutet auch eine totale Absage an nahezu alle östlichen Philosophien und Religionen, welche heutzutage vielfach wieder populär geworden sind. Diese Religionen bzw. Weltanschauungen vertreten entweder einen Polytheismus (Vielgottglauben), oder aber sie huldigen einem dualen (zwei Seiten-) Prinzip, nenne man es nun Tag/Nacht, Gut/Böse, Ying/Yang oder sonst wie.

Wir haben gesehen, dass sich sämtliche Naturkräfte, also die gesamte Materie und Energie dieses Kosmos auf ein einziges Grundprinzip, eine Grundkraft zurückführen lassen. Es muss daher erlaubt sein, diese fundamentale Grundkraft in guter griechisch-philosophischer Tradition als „Logos" zu bezeichnen und sie nach der Theologie des Johannes mit Gott gleichzusetzen. Wir haben aber auch zeigen können, dass das duale Prinzip von Beobachter und Vorgang nicht grundlegend ist. Umgekehrt möchte ich noch einmal davor warnen, diese Gleichsetzung als neuen Gottesbeweis aufzufassen. Die Interpretation des „johanneischen Logos" als vereinigte quantenphysikalisch-relativistische Grundkraft erscheint zwar als „Passung" möglich, ja vielleicht sogar anziehend und attraktiv, ist aber keinesfalls logisch zwingend.

Andererseits mag die Annahme einer Gleichsetzung der Vereinigten Grundkraft mit dem biblischen Logos noch zusätzlich unterstützt werden. Wie schon angesprochen erscheint es bereits heute zumindest möglich, dass sich unter den gegebenen Bedingungen der Planckzeit (wir erinnern uns: die erste, kleinste und physikalisch sinnvolle Zeitspanne ca. 10^{-43} Sekunden; s.o.) diese Grundkraft, nunmehr äquivalent der gesamten kosmischen Materie und Energie, auf naturgesetzlicher Basis selbst aus dem Nichts erheben könnte, eine Eigenschaft, welche die Theologen stets Gott als Grundprinzip zugeschrieben haben.

Schockt das jetzt jemanden? Haben wir gar die Kirche, die Bibel, das göttliche Prinzip verraten? Ich glaube nicht. Denn schon die nächsten Worte des Credo bringen die Auflösung des vermeintlichen Knotens und damit möglicher Missverständnisse.

4.1.3. OMNIPOTENTEM – an den Allmächtigen

Es ist stets gefährlich, mit dem Unendlichen oder Allmächtigen zu operieren. Gleichwohl sind sowohl biblische als auch die theologischen Aussagen hier ganz eindeutig. Der „Omnipotente" wird ja sogar noch zusätzlich beschrieben, „factorem caeli et terrae, visibilium et invisibilium" – der alleinige Urgrund (direkt übersetzt „Macher") des Himmels und der Erde, des Sichtbaren und des Unsichtbaren, also des gesamten Kosmos.

Mir erscheint es angesichts dieser in der Bibel so vielfach deklarierten, absolut allumfassenden Schöpferkraft Gottes geradezu absurd anzunehmen, dass die Naturgesetze von dieser Schöpferkraft nicht umfasst werden. Denn eines ist völlig klar: wenn es einen prinzipiellen Gegensatz von Naturgesetz(en) und Gott gibt, dann genügt es, wenn bereits ein Promille dieses Kosmos naturgesetzlich erklärt und begründet wird – und schon ist es mit einer ALLumfassenden Schöpferkraft endgültig und unwiderruflich vorbei. Dies an die Adresse all derjenigen, denen es offenbar genügt, dass „die Naturgesetze ja nicht alles erklären" können. Diese Aussage – und nicht die Naturwissenschaften oder deren Vertreter – reduziert Gott nun tatsächlich auf eine diskriminierende Lückenbüßerfunktion. Im strikten Gegensatz dazu spricht ja auch der Johannesprolog ganz eindeutig und unmissverständlich vom „Logos", aus dem alles, aber auch wirklich alles geworden ist, und es gibt nach Johannes nun wirklich „nichts, was nicht aus dem Logos geworden ist".

Es ist tatsächlich diese schon in sich völlig unlogische, ja geradezu widersinnige Annahme, dass Gott mit den Naturgesetzen nichts zu tun hat, die dazu führt, dass man bereits seit geraumer Zeit von der „Wohnungsnot Gottes“ spricht. Denn in der Tat: Täglich erfahren wir Neues über die Natur, stündlich verstehen wir etwas mehr über die Naturgesetze dieses Kosmos. Gott auf das Nicht-Naturgesetzliche zu beschränken ist zunächst einfach unbiblisch – die Bibel, insbesondere der Johannes-Prolog, aber auch das Credo sagen das genaue Gegenteil. Und es ist auch sehr gefährlich. Gott als Anti-Naturgesetz sitzt gewissermaßen auf einer großen Eisscholle, die vom Pol in wärmere Gewässer treibt und dabei langsam abschmilzt, deren Fläche langsam aber beständig kleiner wird. Wann wird sie geschmolzen sein? Oder wie es Carl Friedrich von Weizsäcker ausdrückt: *„Die Lücke der Erkenntnis wurde zum Argument für die Existenz Gottes. Dies ist wohl die schlechteste mögliche Form des Gottesbeweises. Denn Erkenntnislücken pflegen sich zu schließen; und Gott ist kein Lückenbüßer“.*

Also weg mit diesem Unsinn, ein Schöpfergott als grundlegende Allmächtigkeit muss auch die Naturgesetze umfassen. Das heißt aber auch, dass es unter dieser Annahme völlig gleichgültig ist, welcher Anteil, wie viele Prozente des Weltgeschehens naturwissenschaftlich erklärbar sind. Ja, es kann dann und darf auch dem gläubigsten Menschen nichts ausmachen, wenn wir annehmen, dass eines Tages der gesamte Kosmos inklusive seines Anfangs naturgesetzlich erklärt werden könnte. Die abenteuerlichen, aber auch faszinierenden Konsequenzen dieses Ansatzes werden uns noch zu beschäftigen haben.

4.1.4. PATREM - an den Vater

Wieder begegnet uns eine der Kernaussagen des Christentums. Das „Credo“ stellt die eigentlich unverschämte Annahme (Hoffnung?, Gewissheit?) in den Raum, dass der alleinige, umfassende Schöpfergott, Urgrund und Urkraft des gesamten Kosmos, also das absolute Grundprinzip der Schöpfung zugleich eine Person im strikten Sinne ist. Ja weiter noch: diese Person ist nicht irgendeine unnahbare Gestalt, keine völlig fremdartige Figur, nein, sie hat zum individuell glaubenden Menschen („credo") dieselbe Beziehung wie ein Vater – es gibt übrigens gar nicht so wenige Bibelstellen, wo Gott als Mutter apostrophiert wird. Auf die Spitze getrieben wird dieses Vater / Mutter-Prinzip im christlichsten aller Gebete, dem „Vater Unser", von dem Jesus selbst sagt, „so sollt ihr beten“. Die (aramäische) Originalfassung verwendet im „Vater Unser“ das Wort „Abba“, also „Papa“ oder auf Englisch „Daddy“. Das lateinische „Pater“ hat stets den massiven Beigeschmack des teilweise tyrannischen und absoluten Hausherren, ein „Abba“ hingegen, also Papa oder Daddy, betont die liebende Verbundenheit mit seinen Kindern. Die Grundaussage des „PATREM“ ist also, dass der Logos persönlich liebt. Johannes geht in seinem Prolog sogar noch einen Schritt weiter, indem er den Logos mit Jesus Christus gleichsetzt „und der Logos ist Fleisch geworden und hat unter uns gelebt“.

Hier scheint nun die Synthese zu stoppen. Zu unüberwindlich dünken uns die Hindernisse. Hier ein Schöpfer als liebender Vater, dort eine abstrakte anonyme Grundkraft – kann es hier einen synthetischen Weg geben? Credo – es gibt ihn.

4.2. LIEBE, FREIHEIT UND LEID

4.2.1. Wie liebt ein Allmächtiger? oder: Hat Allmächtigkeit Grenzen?

Natürlich ist es einer Allmächtigkeit möglich zu lieben. Aber haben Sie, lieber Leser oder liebe Leserin, sich schon einmal gefragt, wie so eine Allmächtigkeit der geliebten Schöpfung und seinen Kreaturen – das sind auch wir selber – seine Liebe zeigen kann? Stellen wir uns vor, wir selbst wären ein wirklich allmächtiger Zauberer oder eine allmächtige Fee: kein besonderes Kunststück, jemanden reich zu beschenken, keine spezielle Mühe, ihn oder sie gesund und glücklich zu machen. Aber seiner gesamten Schöpfung inklusive des geliebten Menschen als (eines von vielen?) Beispiel(en) eines sich selbstbewussten Wesens beweisen oder zumindest ein Indiz zu liefern, dass es wirklich geliebt wird, ist selbst für eine wahre Allmächtigkeit eine fast unlösbare Aufgabe. Meiner Ansicht nach gibt es nur eine einzige Lösung dieses Problems.

Ich bin ein ausgesprochener Fan von Fantasy- und Science Fiction Romanen, sofern sie über primitive Future-Thriller hinausgehen. Ein Fantasy-Roman, der mich vor vielen Jahren sehr beeindruckt und geprägt hat, ist „Welten der Trauer“, 1982 von der Neuseeländerin Pauline Gedge publiziert, wo in einer sehr reizvollen philosophischen Allegorie vom Anbeginn der Zeiten die Rede ist. Die Sonnensysteme werden von mächtigen aber fehlbaren Halbgöttern, „Sonnengebietern“ [Engel] beherrscht, der früher gute „Weltenfürst“ ist zum „Antischöpfer“ [Satan], dem großen negativen Gegenspieler des „Gesetzgebers“ [Gott] mutiert, die Parallelen zur christlichen Gedankenwelt sind unverkennbar. Nach vielerlei Abenteuern werden die Sonnengebieter vom Weltenfürst einer nach dem andern in ihre Sonnen verbannt, doch der letzte von ihnen darf als Lohn des Gesetzgebers für seine Heldentaten einen Blick in das „Buch des Schicksals“ werfen, in dem alles geschrieben steht, was sein wird: *„Die Seiten sind leer“, sagte er verwundert, „Es steht nichts darin“.„Das ist mein Geschenk an alle Geschöpfe“* sagt dazu der Gesetzgeber.

Ich glaube, dass die Autorin hier auf etwas verschlüsselte aber doch erfahrbare Weise die Grundlage zur gesuchten Synthese und zur Lösung unseres Problems gelegt hat. Der allmächtige Schöpfer, und ich finde es bezeichnend, dass er als „Gesetzgeber“ bezeichnet wird, liebt seine Schöpfung so sehr, dass er eben nichts im wörtlichen Sinn „vorschreibt“, sondern seiner Schöpfung die Freiheit der Zukunft lässt. Diese Freiheit, die wir im mikrokosmischen Zufall direkt kennen gelernt haben, zieht sich durch alle Organisationsebenen dieser Schöpfung hindurch und findet zumindest hier auf der Erde in unserer eigenen Individualität und Willensfreiheit ihren krönenden Höhepunkt.

Denn selbst eine Allmächtigkeit hat ihre Grenzen, nämlich logisch unmögliche Dinge. Die Quadratur des Kreises kann auch eine Allmächtigkeit nicht herstellen. „Kann Gott einen Stein erschaffen, der so schwer ist, dass ihn Gott nicht heben kann?“ fragen Philosophen hämisch, um die Unmöglichkeit der totalen Allmächtigkeit zu beweisen. In der Tat: egal ob „ja“ oder „nein“, in jedem Fall gibt es etwas, was Gott nicht kann.

4.2.2. Allmächtigkeit und Freiheit

Ganz ähnlich verhält es sich mit der Freiheit der Schöpfung, die mit einem direkten Eingreifen des Schöpfers prinzipiell unvereinbar ist. Diese garantierte, weil nicht mehr rückgängig zu machende Freiheit der Schöpfung ist nun ohne Zweifel eine echte Liebestat. Schränkt sie doch den Handlungsspielraum der liebenden Allmächtigkeit massiv ein. Im Falle der Freiheitsgarantie hat Gott allerdings genau einen solchen „nicht aufhebbaren" Stein erschaffen, er ist aufgrund seiner Liebestat schlicht nicht mehr in der Lage (bzw. willens), uns zu irgendetwas zu zwingen, sondern auf unser „ja, ich will" angewiesen. Beschämend? Mitnichten, großartig und unübertrefflich! Die liebende Allmächtigkeit begrenzt sich selbst, um der geliebten Schöpfung die Freiheit zu schenken. Mehr noch, diese Freiheit ist offensichtlich endgültig, kann und will niemals wieder zurückgenommen werden, ansonsten wäre das Geschenk eines zweifellos über den Zeiten stehenden allmächtigen Wesens gleich wieder ungültig.

4.2.3. Kosmische Freiheit und Willensfreiheit

Schon bei der Behandlung des Zufalls haben wir festgestellt, dass der gesamte Kosmos in allen Schichten seiner Existenz, vom Elementarteilchen bis zur Individualität, von einem durchgehenden Freiheitsprinzip durchzogen ist. Es erscheint daher zunächst nicht zu weit her geholt, dass auch unser eigenes Verhalten, insbesondere unser freier Wille seinen tiefen Ursprung in der mikrokosmischen Indetermination bzw. im allgemeinen Freiheitsprinzip haben könnte. Allerdings gibt es hier einen zentralen Unterschied: Während Indetermination zwar gravierende Auswirkungen wie Kosmogenese und biologische Evolution verursachen kann, ist sie *per se* zunächst nicht mit Sinn und Zweck behaftet. Willensfreiheit aber ist sich selbst bewusste Freiheit zum Zweck, der sinnoffen ist, d.h. der Sinn haben und schaffen kann (aber eben nicht muss).

Willensfreiheit jeder einzelnen menschlichen „Geistseele" ist die unabdingbare Voraussetzung jeder Ethik, jeder Moral, jeder Gesellschaft, die in irgendeiner Form bestraft (und das tun alle), und auch des christlichen Glaubens. Denn ohne eine echte, individuelle Wahlmöglichkeit zwischen Gut und Böse kann es natürlich auch so etwas wie persönliche „Sünde" oder Schuld nicht geben, ohne Schuld und Sünde aber wird Strafe wie Erlösung sinnlos, und so weiter und so fort. Christliche Grundeinstellung geht sogar noch einen Punkt weiter. Hier gilt, von Jesus selbst klar bestätigt, als oberstes Gebot: „Du sollst den Herrn, deinen Gott, lieben aus ganzem Herzen ... und deinen Nächsten wie dich selbst". Echte Liebe ist aber nur auf der Basis einer freien Entscheidung möglich, kann niemals von einem gegängelten und bevormundeten oder nur reagierenden Wesen verlangt werden. Nur die Annahme eines freien Willens, die Fähigkeit zu echter Schuld und zur Liebe, lässt das christlich postulierte Erlösungswerk eines Jesus Christus sinnvoll erscheinen. Und vielleicht ist diese „Erlösung" die Übermittlung der zentralen Erkenntnis, dass wir selber sinnfähig sind – und daher auch die Verantwortung haben, unserem Leben einen Sinn zu geben.

Wiederum finden wir den so vielfach verachteten und bekämpften Zufall in einem neuen Gewand wieder. Haben wir ihn zunächst vordergründig als Ausdruck der mikrokosmischen Indetermination kennen gelernt, dann als Garant biologischer (ja, auch unserer) Individualität und Willensfreiheit neu interpretiert, so dürfen wir ihn nun sogar als direkten und einzig möglichen Ausdruck unendlicher göttlicher Liebe ansehen. Leider hat auch dieses so kostbare Geschenk der Freiheit seinen Preis.

4.2.4. Freiheit und Leid

Wir haben bereits oben festgestellt, dass allem naturwissenschaftlichen Anschein nach das Geschenk der Freiheit endgültig ist. Das heißt aber auch, dass Gott auch dann nicht eingreifen kann/will, wenn uns dies sehr gelegen käme. Die uralte Frage, „warum lässt ein allmächtiger und unendlich liebender Gott Leid zu?", das sogenannte Theodizee-Problem, findet damit seine einzig mögliche und endgültige Antwort: Jedes direkte Eingreifen Gottes, so viel es auch im konkreten Falle helfen könnte, würde das immer währende und permanente Geschenk der liebenden Allmächtigkeit, die Freiheit, welche ja der gesamten Schöpfung zukommt, sofort und für immer ungültig machen. Das Leid ist der Preis für unsere Freiheit. Auch Gott kann und will keinen Stein haben, den er bewusst so schwer geschaffen hat, dass auch Er ihn nicht heben kann bzw. niemals heben will.

Um diesen Schritt zu begreifen, sei an die eigene bzw. an die Erziehung unserer Kinder erinnert. Zu recht kritisieren wir übervorsichtige oder überängstliche Eltern oder andere Erziehungsberechtigte, welche die ihnen anvertrauten Kinder „unter den Glassturz“ stellen, damit ihnen nur ja nichts Böses widerfährt, nur ja kein Unglück passiert. Zu recht befürchten wir, dass den heranwachsenden Knaben oder Mädchen damit die Freiheit und Entfaltungsmöglichkeit ihrer individuellen Entwicklung entzogen wird. Ganz ähnlich aber mit weitaus dramatischeren Konsequenzen erginge es der Schöpfung in ihrer Gesamtheit, würde Gott Leid prinzipiell nicht zulassen – ein goldener Käfig wäre die unabdingbare Folge.

4.2.5. Das Buch Hiob (Ijob) – eine Vorhersage

Wer sich mit der Gott-Leid-Frage, dem Theodizee-Problem befasst, kommt am Buch Hiob (Ijob) nicht vorbei, das in Form des Begriffes „Hiobsbotschaft“ für eine Katastrophennachricht auch in die Alltagssprache eingegangen ist. Wir wissen heute, dass darin eine Lehrerzählung enthalten ist, also kein historischer Bericht. Hiob steht für den leidgeprüften Menschen, der letztlich von Gott die Begründung für sein Leid erfahren will.

Die Geschichte an sich ist schnell erzählt. Hiob ist ein wohlhabender Mann, *„besitzt 7000 Stück Kleinvieh, 3000 Kamele, 500 Joch Rinder und 500 Esel, dazu zahlreiches Gesinde“*, und ist mit reichem Kindersegen (7 Söhne und 3 Töchter) bedacht. Dieser Hiob wird (fiktiv im Hintergrund durch eine Wette zwischen Gott und Satan erklärt) von schwerem Leid heimgesucht: er verliert seinen gesamten Besitz, alle Nachkommen (d.h. seine Zukunft), und zuletzt wird er auch noch schwer krank, „*Geschwüre von der Fußsohle bis zum Scheitel*“ quälen ihn. Drei Freunde, die ihn besuchen und mit denen er sein trauriges Schicksal diskutiert, geben ihm zunächst die zeitübliche Antwort: das ist die gerechte Strafe für deine Schuld oder die deiner Vorfahren. Aber Hiob ist sich (zu Recht, wie die fiktive Hintergrundgeschichte lehrt) keiner Schuld bewusst und weist alle diese Erklärungsversuche seiner Freunde entschieden von sich: „*Ihr aber seid nur Lügentüncher, untaugliche Ärzte alle*“, meint er mit voller Berechtigung. Schließlich wendet er sich an Gott selbst mit der fordernden, ja verzweifelt anklagenden Bitte, ihm doch wenigstens einen Grund für sein unermessliches Leid zu nennen.

Gott kommt dieser Bitte des Hiob nach und lässt sich tatsächlich auf eine Diskussion ein – das ist schon erstaunlich genug. Noch erstaunlicher ist aber die Antwort Gottes auf die gestellte Frage, eine Antwort, welche eigentlich gar keine ist: Gott verweist mit Gegenfragen auf seine für Hiob (d.h. den Menschen) unbegreifliche Schöpfung und die dieser innewohnenden Gesetzmäßigkeiten: „*Wo warst du, als ich die Erde gegründet? ... Kennst du die Gesetze des Himmels? ... Kennst du der Steinböcke Wurfzeit?*“, um nur einige zu nennen. Gott verweist auf die Größe und Großartigkeit der Schöpfung und stellt die Armseligkeit des Hiob, d.h. des Menschen dagegen. Und Hiob nimmt den göttlichen Verweis oder besser Hinweis an und widerruft seine zornige Anklage gegen Gott. Daraufhin wendet Gott abermals das Schicksal des Hiob: Alles was ihm genommen wurde, wird ihm doppelt wieder zurückgegeben, wiederum erhält er durch 7 Söhne und 3 Töchter eine Zukunft, versöhnlich klingt die Geschichte aus: „*Ijob lebte danach noch hundertvierzig Jahre; er sah seine Kinder und Kindeskinder, vier Geschlechter. Dann starb Ijob, hochbetagt und satt an Lebenstagen"*. Die konkrete Lehraussage des Buches Hiob ist klar: akzeptiere das Leid, auch wenn Du keine Schuld trägst, denn es ist keine Strafe, sondern in der Schöpfung selbst begründet.

Ich finde es aber mehr als erstaunlich, ja geradezu bewundernswert, dass die Autoren – das Buch Hiob ist in mehreren Etappen entstanden – vor etwa 2500 Jahren diese tiefe Einsicht in das Weltgeschehen hatten, und nicht wenige Leser werden hier im strikten Wortsinn von „Offenbarung" sprechen. Denn die Antwort auf die zentrale Frage des Hiob, „Warum dieses unermessliche Leid der Welt, das auch den völlig Unschuldigen treffen kann?", ist tatsächlich im Wesen der evolutiven Schöpfung, der kosmologischen Genesis begründet. Weil diese Schöpfung Freiheit auf all ihren Existenzebenen hat, vom Elementarteilchen bis zur globalen Ökologie, deshalb und nur deshalb muss es auch Leid geben können und dürfen, auch wenn es die Unschuldigen trifft. Das Leid der Welt ist der Preis für die Freiheit der Schöpfung.

4.2.6. Leid und Verantwortung

Überlässt aber Gott damit die Welt nicht einfach ihrem Schicksal? Sind wir wiederum angelangt bei der Idee des Richard Dawkins vom „Blinden Uhrmacher", dem die Welt nach ihrer Erschaffung völlig gleichgültig geworden ist? Nein, es gibt einen Ausweg aus der Misere: Genau zu dem Zeitpunkt, an dem Produkte dieser freien, weil geliebten

Schöpfung zum ersten Mal sich selbst und damit des eigenen Leidens (wie Hiob) bewusst werden, können, dürfen, ja sollen sie auch darüber nachdenken, wie SIE SELBST das nun einmal vorhandene Leid vermindern und lindern können. „Hilf dir selbst, dann hilft dir Gott" sagt der Volksmund völlig zu Recht. Wiederum: der Preis für diese Einsicht ist die Angst vor Leid und Tod, nicht umsonst spricht die Bibel allegorisch vom Sündenfall, um vom „Baum der Erkenntnis" zu essen. Nur ein (sich selbst bewusster) Mensch ist in der Lage, diese Welt besser (oder aber auch schlechter) zu machen, als sie ist.

Diese Einsicht, dass wir selbst, als Individuen, Familien, Gruppen, Staaten und als Menschheit in Freiheit für diese Schöpfung mitverantwortlich sind, erschließt einen weiteren Punkt unserer Synthese. Ist dies denn nicht genau die Forderung der bezeichnenderweise und nicht zu Unrecht als „Umwelt-Apostel" bezeichneten Frauen und Männer, denen die „Bewahrung der Schöpfung" ein Anliegen ist?

4.3. DIE KONSEQUENZEN

Damit schließen wir den Kreis, den wir mit der Besprechung des mikrokosmischen Zufalls eröffneten. Ausgehend von der Quantenphysik finden wir uns nach mancherlei Exkursionen durch Physik, Chemie und Biologie im „Credo" wieder. Dieses sei nochmals betont: es geht hier nicht darum, irgendetwas zu beweisen, sondern einzig und alleine darum, eine individuelle Synthese zwischen Kosmologie und Evolutionstheorie auf der einen und der christlichen Theologie eines allmächtigen Schöpfergottes auf der andern Seite möglich zu machen. Die Lösung liegt nun auf dem Tisch, die wesentlichen Grundlagen und die Konsequenzen dieses Lösungsangebots seien nochmals angesprochen und ausgeführt.

4.3.1. Die drei „oder"

So wollen wir uns zunächst aufmachen, einen Schlussstrich zu ziehen, die drei anfangs als Thesen formulierten „oder“ synthetisch aufzulösen.

(1) „Evolution ODER Schöpfung?“ war die erste Frage, die gefundene Antwort hat zwei Aspekte: Wir haben zunächst an Beispielen quer durch alle Organisationsebenen des Kosmos gesehen, dass Evolution und Kosmogenese, ja die Naturgesetze selbst schöpferisch sind. Umgekehrt ist Schöpfung ohne jeden Zweifel evolutiv, der von vielen Theologen und Naturphilosophen so schmählich angesehene Zufall repräsentiert die Wesensbestimmung der freien, nicht vorherbestimmten Schöpfung als Liebestat Gottes.

(2) „Naturgesetze ODER Gott?“ haben wir als Ursache der Schöpfung = Evolution gefragt, ohne zu bedenken, dass eine Allmächtigkeit, der laut beiden Genesis-Berichten und Johannes-Prolog alleinige schöpferische Urgrund, auch Naturgesetze umfassen muss bzw. das „Gesetz der Gesetze” sein muss. Wir lösen diesen Gegensatz auch oder gerade von theologischer Seite auf: Der Kosmos als Schöpfung IST das erste Buch der Offenbarung.

(3) „Zufall ODER Plan?“ schien der fundamentalste Gegensatz zu sein. Doch wir haben gesehen, dass es geradezu ein

Fundament des göttlichen Planes zu sein scheint, diesem Kosmos und damit auch uns als Individuen mittels „Zufall“, durch die quantenphysikalische Indetermination der gesamten Welt, die ewige (nämlich endgültige) Befreiung von Vorsehung, Bestimmung, Schicksal oder Kismet zu schenken. Jeder Zufall benötigt die umgebenden Rahmenbedingungen, um nicht als Chaos zu enden, jeder Plan mit Verantwortung, Schuld und Liebe braucht die ihm innewohnenden Freiheitsgrade, den Zufall, um nicht ein unverrückbares Kismet zu sein. Das „Buch des Schicksals“ hält in der Tat leere Seiten für die Zukunft bereit.

Es sollte an diesen drei ODER der gemeinsame Charakter des vorliegenden Ansatzes deutlich werden. Kein „entweder – oder“, nicht „die Bibel – oder die Wissenschaft – hat doch recht“, sondern die Annahme von zwei Seiten derselben Medaille, die erst durch das Betrachten beider Seiten in ihrer Gesamtheit erkannt und verstanden werden kann.

4.3.2. Der Kosmos – Wohnungsraum für Gott

Wir haben bereits von der so genannten „Wohnungsnot des Lückenbüßer-Gottes“ gesprochen, die als Konsequenz eines Gottesbegriffes auftritt, der im Gegensatz zur Naturgesetzlichkeit formuliert wird. Trotz des johanneischen Prologs, der den „Logos“ ganz eindeutig im umfassenden Sinn definiert, hat dies in der Kirche eine lange und bedeutende Tradition, die mit den Kirchenvätern ihren Höhepunkt fand und bis heute vertreten wird. So meinte Augustinus „*Wenn Du begreifst, ist es nicht Gott*“ und

Thomas von Aquin formulierte: „*Wir können von Gott nicht wissen, was er ist, sondern nur, was er nicht ist*". Bis heute finden sich daher Theologen (z.B. Lüke 2002), die meinen, die Naturwissenschaften (warum eigentlich nicht die Theologie – die meint doch auch, etwas von und über Gott zu wissen?) auf einen „via negativa" ausgrenzen zu können: Alles was naturwissenschaftlich erklärbar ist, kann nicht göttlich sein. Die genannten Aussagen der Kirchenväter stehen allerdings in direktem Gegensatz zur biblischen Offenbarung, wo viele Kapitel und selbst unzählige Jesusworte darüber geschrieben wurden, was und wie Gott ist. Ich meine daher mit Paul David: „*Gott finden müssen wir dort, wo wir etwas wissen, und nicht, wo wir nichts wissen*". In der Tat, ein Regenbogen, die Metamorphose einer Raupe zum Schmetterling, die Zeugung und das Heranwachsen eines Menschen bleiben „wunderbar", auch wenn wir diese Phänomene naturgesetzlich erklären können.

Die vorgelegte Synthese, dass Gott, der „Logos" des Johannes-Prologs, aus dem alles, aber auch wirklich alles geworden ist, auch die Naturgesetze umfasst, löst das Problem nicht nur, eine solche Synthese wird sogar zum Hoffnungsträger. Denn wenn die Naturgesetze in einem allmächtigen Gott eingebettet sind, wenn Er als persönlicher, liebender (als „Pater" oder besser „Abba" unseres Credo) Logos die grundlegende Urkraft und Systembedingung ist, dann können wir diesen geheimnisvollen, unnahbaren Gott durch zunehmende Kenntnis der Naturgesetze besser verstehen als bisher. Dann lösen wir die göttlichen Fragen des Buches Hiob eine nach der anderen, erklären den Ursprung der Welt, die Gesetze des Himmels und die Würfe des Steinbockes. Dann erklärt der Naturwissenschaftler – und damit ist auch der Autor gemeint – Gott nicht aus dieser Welt hinaus, wie immer wieder vorgeworfen wird. Im Gegenteil, naturwissenschaftliche Erkenntnisse lassen uns Gott näher kommen. Wo haben wir denn zum Beispiel einen besseren und eindeutigeren Beleg (bitte nicht Beweis!) für die unendliche und permanente Liebe Gottes als in der immer währenden Freiheit seiner Schöpfung und Geschöpfe?

Das bedeutet aber auch, dass das unselige Misstrauen der Theologie für die Naturwissenschaft endgültig überwunden werden kann und muss. Dort, im Bereich der Naturgesetze liegen noch ungeahnte Möglichkeiten, die Schöpfung und damit den Schöpfer immer besser zu verstehen.

4.3.3. Leid und Verantwortlichkeit

Der synthetische Ansatz löst auch das Theodizee-Problem, warum ein angeblich unendlich liebender Gott solches Leid in der Welt zulassen kann. Die Antwort ist, dass Er es aufgrund der aus Liebe gewährten Freiheit für die Schöpfung zulassen muss bzw. zulassen will. Denn wo hörte denn die liebende Einflussnahme auf, wo begänne das Kismet, der goldene Käfig? Natürlich wäre es einer Allmächtigkeit ein Leichtes, alles Böse aus der Welt zu verbannen, allein der Preis dafür wäre die Freiheit der Schöpfung. Ebenso wenig wie Gott einen Stein schaffen kann, den er selbst nicht zu heben vermag, gibt es einen freien Kosmos ohne Leid.

Ist dies jetzt aber vielleicht doch Teilnahmslosigkeit des Schöpfers? Nein, denn mit denkenden und glaubenden Menschen kommt ein neuer Faktor in „das Spiel" von Zufall und Notwendigkeit: Dieser liebende Gott greift – um die Freiheit zu bewahren – nicht selbst ins Geschehen ein, aber genau dort, wo man/frau sich des Leidens bewusst wird, sind sie als funktionelle „Ebenbilder Gottes" gefordert, dies in Seinem Namen zu tun. Genau dieses Wissen um das Leid verpflichtet uns als denkende Wesen, die wir vom Baum der Erkenntnis gegessen haben, die wir begonnen haben, die Schöpfungsfragen Gottes im Buch Hiob eine nach der anderen zu klären, nun unseren, zweifellos bescheidenen Teil zur Milderung des Leidens beizutragen. Die Frage lautet also nicht, wie immer gestellt: „Was ist der (vorgegebene) Sinn meines Lebens?", sondern mit Viktor Frankl, dem Begründer der sogenannten Logotherapie [sic!], einer Psychologie der persönlichen, individuellen Sinngebung: „Wie soll ich leben, damit mein Leben einen (positiven) Sinn bekommt?"! Die „Verantwortung für die Schöpfung" erfährt hier ihre philosophisch-theologische Grundlage, denn eine solche reale Verantwortlichkeit des Menschen (d.h. auch von mir!) kann es ja letztlich nur dann geben, wenn selbst ein allmächtiger Gott NICHT direkt eingreifen kann bzw. es aus Liebe zur Freiheit seiner Schöpfung nicht tun will. In der Tat: nur der denkende und aus freiem Willen handelnde Mensch ist in der Lage, diesen Kosmos ein bisschen besser zu machen.

4.3.4. Ausblick

Im Licht dieser Synthese aus Evolution und Schöpfung erfahren wir „nackte Affen" uns zugleich selbst als „Ebenbilder Gottes", als „Säugetier von Gottes Gnaden", als funktionelles Ebenbild mit der Aufgabe, Seine Verantwortung in der Welt zu übernehmen, schlicht Gutes zu tun. Sich dieser Verantwortung zu stellen ist der kategorische Imperativ des Emmanuel Kant (sinngemäß: *„Handle stets so, das Dein Handeln als grundlegendes Sittengesetz gelten kann"*), die ultimative Aufforderung der Religion ebenso wie der Naturwissenschaften.

GLOSSAR

Agnostiker: Jemand, der zwar zugibt, dass man die Nicht-Existenz Gottes nicht beweisen kann, der die Existenz Gottes allerdings trotzdem für sehr unwahrscheinlich hält.

Anthropisches Prinzip:

Schwaches Anthropisches Prinzip: Weil es in dieser Welt Beobachter gibt, muss das Universum durch Gesetze regiert sein und Anfangsbedingungen besitzen, welche die Existenz dieser Beobachter zulassen.

Starkes Anthropisches Prinzip: Eine Welt muss in ihren Gesetzen und Anfangsbedingungen so beschaffen sein, dass sie zu irgendeinem Zeitpunkt ihrer Lebensdauer einen Beobachter hervorbringt.

A priori: Dinge, Zustände oder Überlegungen, die VOR der eigentlichen Sache vorhanden sind, ja diese häufig überhaupt erst ermöglichen. Speziell in der Erkenntnistheorie: die sog. *Kant'schen A Prioris* bezeichnen die vorgegebenen Denkstrukturen wie Raum, Zeit, Kausalität, etc.

Atheist: Jemand, der aufgrund logischer Argumente überzeugt davon ist, dass es keinen Gott gibt. *Aggressiver Atheist (new atheist)*: jemand der zusätzlich meint, wer an einen Gott glaubt, ist dumm.

Dialektischer Sprung = Emergenz: Naturgesetzliches Ereignis, wobei durch graduelle (allmähliche) quantitative Änderungen einiger Ausgangs-Bedingungen (etwa Temperaturanstieg) ein plötzlicher qualitativer Übergang (etwa eine Knallgasexplosion mit Wassersynthese) stattfindet.

Disposition: Erörterung, wörtlich auch die andere Position einnehmen.

Dualismus: wenn ein Ding grundsätzlich zwei völlig unterschiedliche Erklärungswege hat (hier: *Welle-Teilchen-Dualismus* des Lichts).

Emergenz: siehe *Dialektischer Sprung*

Entropie: physikalisches Maß für den (Un-)Ordnungsgrad eines Systems.

Entropiesatz: 2. Hauptsatz der Thermodynamik: alle (geschlossenen, d.h. ohne Energiezufuhr von außen) Systeme streben nach Zunahme von Entropie.

Evolutionstheorie, synthetische: Die synthetische Vereinigung von Darwins Evolutionsfaktoren „Mutation und Selektion" mit den Erkenntnisse der Populationsgenetik und Molekularbiologie.

Exegese: Wissenschaft der Auslegung und Analyse der Bibel. *Exeget*: Bibelwissenschaftler.

Fachterminus: Fachbegriff.

Genetik: Lehre von der Vererbung.

Indetermination: Naturgesetz der Quantenphysik, welches besagt, dass Ort und Zustand eines Elementarteilchens nicht zugleich beliebig genau bestimmt werden können (sog. Heisenbergsche Unschärferelation). Dies ist nicht zuletzt dadurch bedingt, dass die Messung selbst das Ergebnis beeinflusst. Daraus folgt, dass es prinzipiell unmöglich ist, zukünftige Zustände von Elementarteilchen vorher zu berechnen, es lassen sich nur Wahrscheinlichkeitsaussagen machen.

Irreduzible Komplexität: eine Annahme von Kreationisten, die meinen, die Entstehung eines komplexen biologischen Systems ließe sich durch schrittweise Verbesserung nicht erklären, sondern bedürfe eines direkten Eingriffs eines Designers bzw. von Gott.

Irreversibilitätsprinzip: Nicht-Umkehrbarkeit der Evolution.

Isotop: eine ganz bestimmte Variante eines Elementes mit definierter Anzahl an Neutronen und Protonen im Kern. Beispiel: Uran 238 mit 146 Neutronen und 92 Protonen.

Kant'sche A Priori: siehe *A priori*

Kausalität: begründete Ursache für ein Phänomen.

Kinetische Energie: Bewegungsenergie.

Kosmogenese: Die Entstehung des Kosmos.

Kosmologie: Überlegungen bzw. Theorien zur Entstehung und Entwicklung des Kosmos.

Kreationisten: (Meist christlich orientierte) Fundamentalisten, welche die biblischen Schöpfungsberichte (meist den jüngeren) wörtlich nehmen und direkte Schöpfungseingriffe Gottes postulieren.

Meiose: Reduktionsteilung von Vorläufern der Keimzellen (Oogonien für die Eizellen sowie Spermatogonien für die Samenzellen), wobei der sonst übliche doppelte (diploide) Chromosomensatz halbiert (haploid) wird.

Monotheismus: Eingottglaube.

Mutation: Spontane oder von außen verursachte plötzliche Änderung der Erbsubstanz. Dies kann einzelnen Nukleinsäuren der DNS betreffen, die Position von DNS-Abschnitten, Bruch und dessen Kittung eines Chromosoms umfassen, oder ein Gen oder gar das Gesamtgenom verdoppeln.

Mythos: Sage, Legende.

Polytheismus: Vielgötterglaube.

Solipsismus: eine philosophische Richtung, die annimmt, dass sich das Weltgeschehen nur im Geist des Beobachters abspielt. Es gibt daher keine reelle Außenwelt.

Stochastische Ereignisse: zufällige, chaotische Ereignisse, wie etwa das konkrete Wetter.

Syntax: Sprachregeln, Sprachmelodie.

Theodizee-Problem: Die Frage, wie sich denn die Annahme eines allmächtigen und unendlich liebenden und gütigen Gottes mit der Tatsache menschlichen (und sonstigen) Leides vereinbaren lässt.

LITERATUR

Davies P (1986) Gott und die moderne Physik. C. Bertelsmann, München. 319 S.

Davies P (1995) Der Plan Gottes. Die Rätsel unserer Existenz und die Wissenschaft. Insel Verlag, 300 S.

Dawkins R (2007) Der Gotteswahn. Ullstein Buchverlag, Berlin, 575 S.

Drewermann E (1999) ...und so geschah es. Die moderne Biologie und die Frage nach Gott. Band 3/II Glauben in Freiheit. Walter Verlag, Zürich und Düsseldorf, 969 S.

Drewermann E (2002) Im Anfang. Die moderne Kosmologie und die Frage nach Gott. Band 3/III Glauben in Freiheit. Walter Verlag, Zürich und Düsseldorf, 1287 S.

Eigen M, Winkler J (1978) Das Spiel. Naturgesetze steuern den Zufall. Piper Verlag, München, 404 S.

Guitton J, Bogdanov G, Bogdanov I (1993) Gott und die Wissenschaft. Arthemis & Winkler, München, 179 S.

Hattrup D (2008) Darwins Zufall oder Wie Gott die Welt erschuf. Herder Verlag, Freiburg i. Br., 294 S.

Hick, J. (1988) Evil and the God of Love. MacMillen, London, 388 S.

Horn SO, Wiedenhofer S (Hrsg.) (2007) Schöpfung und Evolution. Eine Tagung mit Papst Benedikt XVI. in Castel Gandolfo. St. Ulrich Verlag, Augsburg, 194 S.

Kessler H (2000): Gott und das Leid seiner Schöpfung. Nachdenkliches zur Theodizeefrage. Echter Verlag, Würzburg, 135 S.

Kessler H (2008) Kreative Schöpfung – Kreativität Gottes. Überlegungen zum Spannungsfeld von Schöpfung und Evolution. In: Klose J, Oehler J (Hrsg) Gott oder Darwin. Vernünftiges Reden über Schöpfung und Evolution. Springer Verlag, Berlin-Heidelberg, pp 26-57.

Klose J, Oehler J (Hrsg.) (2008) Gott oder Darwin. Vernünftiges Reden über Schöpfung und Evolution. Springer Verlag, Berlin-Heidelberg, xxii + 415 S.

Kreiner, Armin 1994: Gott und das Leid. Bonifazius Verlag, Paderborn, 180 S.

Küng H (2005) Der Anfang aller Dinge. Naturwissenschaft und Religion. Piper Verlag, München, 245 S.

Lorenz KZ (1982) Die Rückseite des Spiegels. Versuch einer Naturgeschichte des Menschlichen Erkennens. Piper Verlag, München, 338 S.

Lüke U (2002) Mensch, Natur und Gott. Naturwissenschaftliche Beiträge und theologische Erträge. Literatur-Verlag, Münster 2002, 177 S.

Lüke U (2007) Das Säugetier von Gottes Gnaden. Evolution – Bewusstsein – Freiheit. 2. Auflage. Herder Verlag, Freiburg i. Br., 336 S.

Lüke U, Schnakenberg J, Souvignier G (2004) (Hrsg) Darwin und Gott. Das Verhältnis von Evolution und Religion. Wissenschaftliche Buchgesellschaft, Darmstadt, 183 S.

Monod J (1975) Zufall und Notwendigkeit. Philosophische Fragen der modernen Biologie. 3. Auflage. Piper Verlag, München & Zürich (broschürt dtv), 176 S.

Raskob H (2005) Die Logotherapie Viktor E. Frankls. Eine systematische und kritische Darstellung mit einer Skizze zu einem alternativen Religionsverständnis. Springer Verlag, Wien, 443 S.

Riedl R (1975) Die Ordnung des Lebendigen. Systembedingungen der Evolution. Parey Verlag, Hamburg, 372 S.

Riedl R (1985) Die Strategie der Genesis. Naturgeschichte der realen Welt. 2. Aufl. Piper Verlag, München, 381 S.

Riedl R, Kaspar R (1980) Biologie der Erkenntnis. Die stammesgeschichtlichen Grundlagen der Vernunft. Paul Parey, Berlin & Hamburg, 230 S.

Schmitz-Moormann K (1992) (Hrsg) Schöpfung und Evolution. Neue Ansätze zum Dialog zwischen Naturwissenschaften und Theologie (im Anhang der deutsche Text der Botschaft Johannes Pauls II. an den Herausgeber der Beiträge zu dem Symposium aus Anlass der 300-Jahr-Feier der Publikation der Principia Mathematica Newtons, 21. – 27. Sept. 1987 in Castel Gandolfo). Schriften der Katholischen Akademie Bayern 145: 160 S.

Schmitz-Moormann K (1997) Materie-Leben-Geist. Evolution als Schöpfung Gottes. Matthias-Grünewald-Verlag, Mainz, 198 S.

Söding T (2006) Im Anfang war das Wort – der Johannesprolog (Joh 1, 1-18). www.bibelwerk.de 10 S.

Tipler F (2007) Die Physik des Christentums. Ein naturwissenschaftliches Experiment. Piper Verlag, München, 439 S.

Vollmer G (1987) Evolutionäre Erkenntnistheorie. 4. Auflage, Hirzel Verlag, Stuttgart, 222 S.

Wuketits FM (2008) Evolutionäre Erkenntnistheorie und Menschenbild. In: Klose J, Oehler J (Hrsg) Gott oder Darwin. Vernünftiges Reden über Schöpfung und Evolution. Springer Verlag, pp 209-217.

ZUM AUTOR

Gerhard Haszprunar wurde 1957 in Wien geboren, wo er am Kollegium Kalksburg 1975 seine Schulbildung mit der Matura (i.e. Abitur) abschloss. Nach Absolvierung des Militärdienstes studierte er an der Universität Wien Zoologie und Botanik und wurde im Dezember 1982 mit einer ehrenvollen *Promotion sub auspiciis praesidentis rei publicae* zum Dr. phil. promoviert. Nach weiteren vier Jahren an der Universität Wien als Forschungsassistent und Lehrbeauftragter, wechselte er im Frühjahr 1987 an die Universität Innsbruck, wo er sich schon Ende 1988 habilitieren konnte. Im Frühjahr 1995 nahm er den Ruf auf den Lehrstuhl für Systematische Zoologie an der Ludwig-Maximilians-Universität München an, der mit der Direktion der Zoologischen Staatssammlung, eines der größten deutschen Forschungsmuseen, gekoppelt ist. Im Herbst 2001 wurde er als „Miller-Professor" auf ein Gastsemester an die berühmte University of California in Berkeley eingeladen. Seit 2006 leitet Gerhard Haszprunar als Generaldirektor die Staatlichen Naturwissenschaftlichen Sammlungen Bayerns, ein Verbund aus insgesamt 11 naturkundlichen Forschungseinrichtungen, Museen und dem Botanischen Garten München. Ende 2008 wurde ihm das Österreichische Ehrenkreuz für Wissenschaft und Kunst verliehen.

Gerhard Haszprunar ist seit fast 30 Jahren verheiratet und hat drei erwachsene Kinder. Er ist seit seiner Jugend als aktiver Katholik an seinem jeweiligen Wohnort und auch stets stark in der katholischen Erwachsenenbildung als

Referent tätig. Sein zentrales Anliegen ist neben seinen beruflichen Lehr-, Forschungs- und Administrationstätigkeiten die Synthese aus christlichen Glaubensinhalten und naturwissenschaftlichen Erkenntnissen.